A Mind for Numbers

大腦喜歡這樣學

芭芭拉・歐克莉 著
Barbara Oakley, Ph.D.

黃佳瑜 譯

目錄

前言

大腦的使用手冊

你的大腦擁有驚人的能力，只可惜沒附上使用手冊。但你將在這本書裡找到這份使用說明。從新手到專家都能從這本書裡學到絕佳的方法，幫助你提高學習能力與技巧——尤其對於數學和自然科學等相關領域。

十九世紀有位數學家亨利．龐加萊（Henri Poincaré），曾經自述他為了破解一道苦思幾個星期而不得其解的數學難題，便跑去渡假。他人在法國南部，正準備搭公車時，那道難題的答案突然迸出，不請自來。他享受假期之際，腦海深處仍持續思索著這道題目。他後來回到巴黎才寫下詳細解答，但是龐加萊當下就知道自己得到了正確答案。

讀了芭芭拉．歐克莉這本深具啟發性的《大腦喜歡這樣學》之後，你會知道：對龐加萊有用的方法，對你也有用！這很令人驚訝：在你睡著而沒有意識到的時候，大腦仍然可以處理問題，只不過你必須在入睡以前很認真地試圖尋找答案。一覺醒來，到了早晨，腦子裡往往會冒出全新的體悟，幫助你解答問題。若能在渡假之前或是睡覺之前先對問題苦思一番，這是很重要的功夫，這能把你的大腦放在準備狀態，否則它就會跑去對付其他問題。這並不單單只對數學和自然科學的問題有效——如果你最近思考的是社會人文的問題，大腦也會同樣認真對付它們。

這本書把學習視為一場冒險，而不是痛苦差事；你會從這本有趣又及時出現的書裡得到許多關於有效學習的見解與技巧。你會看見你是如何自欺欺人，誤以為自己讀懂了；你也會找到維持注意力和間隔練習的方法；你還會學到如何濃縮重點、促進記憶。一旦掌握了本書描繪的這些簡單而實用的技巧，你將能更有效地學習，減少挫折。這本精彩的指南不僅能豐富你的學習，也能豐富你的人生。

——泰倫斯．塞伊諾斯基（Terrence J. Sejnowski）

索爾克生物研究所，法蘭西斯克里克講座教授

代序

尋找簡單省力又有效的學習方法

這本書能徹底改變你對學習的觀點與理解。你會學到目前科學研究所知道的最簡單、最有效也最省力的學習技巧，並且享受學習的過程。

很多學生使用既沒有效果又沒有效率的方法在學習，這很令人吃驚。舉例來說，我的實驗室曾調查大學生的學習方法。他們最常用的策略是反覆閱讀——把課本和筆記讀了一遍又一遍。很多研究者都發現，採用這種消極而淺薄的策略往往學不到東西。我們說這是「做白功」——費盡力氣，卻一無所獲。

我們之所以採用這種被動的反覆閱讀策略，並不是因為我們很笨或很懶，而是出於我們的認知錯覺，以為透過反覆閱讀就可以把材料念得滾瓜爛熟，讓大腦容易處理，以為這就是把東西學得很好；其實根本不然。

這本書會帶你認識許多學習上的錯覺，並且提供方法讓你克服錯覺。這書還會介紹高明的新工具——例如回想練習，這技巧可讓你的學習事半功倍。這本書非常實用，而又深具啟發性，幫助你看清楚為什麼某些讀書方法的效果就是遠比其他方法更有效。

眼前，我們看到了關於如何有效學習的知識出現爆炸性發展。在這個充滿啟發的新世界裡，你會發現這本書是一本不可或缺的指南。

——傑佛瑞．卡皮克
普渡大學心理系，布萊德利講座副教授

致讀者

數學和自然科學領域的專業人員，窮盡心力探索有效的學習技巧。一旦找到方法，他們彷彿無意間通過了一場入會儀式，從此加入數理專業人士所屬的祕密會社。

我寫這本書，就是要把那些簡單技巧一五一十攤出來，讓你立刻上手。專業人士耗費數年摸索出來的心得，如今在你眼前唾手可得。

不論你現在的數學和理科的程度如何，只要善用這些方法，就可以改變你的思維與生活。如果你原本就是個中高手，那麼一窺心智的奧祕可以幫助你突飛猛進，精益求精。書中包含一些反直覺的考試技巧和觀念，讓你寫功課和做練習題的時間可以發揮最大效用。如果你現在的讀書學習很辛苦，你會看到一個循序漸進的實用技巧寶庫，帶領你一步步走上正軌。如果你希望在其他任何事情上求取進步，這本書也都能作為你的指南。

本書寫給喜愛文學、藝術卻厭惡數學的高中學生；也適用於原本就精通數學、自然科學、工程與商學，卻希望在學習工具箱裡添置幾項心智工具的大學生。這本書寫給家長，不論你家小孩的數學跟不上進度，或者希望躍升為數理資優生，本書都能有幫助。這本書適合某位考不過某項重要證照考試並為此身心俱疲的上班族；本書也適合某位夢想成為護士（甚至醫生）但此刻在便利商店打工的人。這本書寫給越來越多的在家自學者，也寫給老師和教授——不只是數學和理工的老師，也包括教育、心理和商管等相關學科。這本書適合那些終於有時間學習電腦或追求生活新知的退休銀髮族，尤其適合熱愛學習新事物的各年齡層讀者。

總而言之，這本書就是寫給你的。祝你閱讀愉快！

——芭芭拉．歐克莉博士，專業工程師
美國生物醫學工程院（AIMBE）院士
電機電子工程協會（IEEE）附屬生物醫學工程學會（EMBS）副理事

[Part. 1]

學習與大腦的關係

{第 1 章}

26 歲開始重新學數學

試問：你打開冰箱，看見冰箱裡有個殭屍正在打毛線襪，這種事發生的機率有多大？恐怕跟我這麼一個走語文路線而情感容易被打動的人到頭來居然當上工學院教授的機率差不多大吧。

我在成長過程中恨透了數學和自然科學。從小學到高中，我的數理一路不及格。我一直到二十六歲才開始學三角學——而且是開給在職輔導班的三角學課程。

小時候，連看時鐘這麼簡單的事對我來說都很沒道理。短針為什麼代表鐘頭？既然一個鐘頭比一分鐘長，不是應該由長的針來代表鐘頭嗎？我永遠搞不清楚時鐘上指的到底是十點十分，還是一點五十分。比時鐘更難搞的是電視。在沒有遙控器的時代，我甚至不知道哪個按鈕是電視開關。我只能趁哥哥姊姊在場時才可以看電視。兄姐們不但會開電視，還會轉台，知道怎樣切換到我們想看的節目。好厲害啊！

眼看自己對科技一竅不通，而且數理成績始終不及格，我不得不認為自己實在不聰明，至少在數理方面不夠聰明。我自認是工科理科和數學的白癡，而我當時不明白，我給自己描繪的這幅白癡形象塑造了我的生活。我認為一切問題的癥結都在於數學。我開始把數字和方程式想像成某種致命的疾病——我避之唯恐不及。那時我不明白，世上有一些簡單的思考訣竅可以讓我對數學豁然開朗；這些訣竅不僅可以幫助數學很爛的人，也對數學原本就很強的人頗有益處。我不知道我的思考模式跟其他自認數理很糟的人沒什麼不同。現在的我當然明白，我的問題根源在於：那時我只知道一種學習模式，可是事實上有兩種截然不同的思維模式——結果使得我聽不見數學世界的美妙音樂。

數學這個科目，在美國教育體系的傳統教法之下，可以是一位聖潔的母親：從加、減、乘到除，按部就班往上爬，脈絡分明，莊嚴崇高，一路直上美麗的數學天堂。不過，數學也可以是個邪惡的後母：只要你在這條邏輯嚴謹的路上出了一點差池，她絕不寬貸——可是踏錯一小步是多麼容易發生的事啊。家人出一點麻煩、一個身心俱疲的老師，或者就是很倒楣生了一場大病——在關鍵時刻就算只休息一兩星期，你都可能被判出局。

再不然就是像我這種情況——我對數學毫無興趣，或者似乎沒有一丁點天分。

我家的厄運在我七年級（國中二年級）時降臨。我父親因背部重傷而丟了工作，導致我們搬到一個蹩腳的學區。數學老師脾氣暴躁，他強迫我們在酷熱滯悶的教室裡坐上好幾個鐘頭，反覆操練加法和乘法。更慘的是那糟老頭完全不做任何解說。他似乎很享受看到我們痛苦掙扎。

到了此時，我不僅看不出數學有什麼用處，更是對它深惡痛絕。至於其他理科項目——呃，根本毫無進展可言。我的第一次化學實驗，老師故意拿跟全班其他組別不同的材料給我們這一組，然後在我們捏造數據、企圖仿照其他組的實驗結果時嘲笑我們。爸媽看到我的成績節節下滑，好心叫我要利用下課時間去找老師尋求協助，我卻自有主張：數學和理科就是沒用啦。職司必修科目的神明，硬是要把數理塞進來，而我的對抗之道就是拒絕搞懂課堂上教的一切，意氣用事，每一次考試都考不及格。沒有任何方法能打敗我的策略。

不過，我有其他感興趣的事物。我喜歡歷史、社會、文化，尤其喜歡語言文字。幸好這些科目撐住了我的成績。

十歲的我和小羊艾爾。我喜愛小動物、閱讀和作夢，數學和理科不在我的節目單上。

以為從此可以擺脫數學

高中一畢業，我自願入伍，因為他們居然肯付錢讓我學另一種語言。我的俄文學得非常好（這是我一時興起隨便挑選的語言），說服了儲備軍官訓練團（ROTC）提供獎學金贊助我繼續升學。我前往華盛頓大學攻讀斯拉夫語文，以優異成績畢業，把俄語學得像糖漿那樣流利，而且字正腔圓到有人誤以為我是土生土長的俄國人。這可是我付出許多時間掙來的本事——隨著我說得越好，我越樂在其中；而我那麼享受它，也就花更多時間練習了。我的成就強化了我的練習慾望，進而造就更大的成功。

然而，我沒有料到最後我竟被分派到美國陸軍通訊科服役，軍階少尉。一夕之間，我被期望能成為無線電、電報和電話交換系統的專家。好個轉捩點啊！我原本是語言專家，掌握著自己的命運，站在世界之巔，然後突然被丟進一個碰都沒碰過的科技領域，而我卻像一節被砍掉枝葉的大樹墩般沉重。

哎呀討厭！

我被迫參加很看重數學的電子訓練課程（最後我的結業成績在班上墊底），然後我奉命派駐西德，成了蹩腳的通訊排排長。而我發現，技術能力很強的軍官與士兵行情看俏，他們是頂尖的問題解決者，可以幫助所有人完成任務。

我回顧自己的生涯發展，發現我一直順著興趣走，沒有拓展視野、開發其他專長，結果一不小心就把自己侷限在小框架裡。假使我就這樣留在軍中，那麼我糟糕的技術能力會使得我淪為永遠的次等公民。

往另一方面想，假如我離開軍隊，我的斯拉夫語文學位能有什麼用處？沒有什麼工作要採用俄國語言學家。基本上，我得跟好幾百萬名文科畢業生競爭最低階的文書職位。理想派人士也許會說，我的學問和服役經驗可以讓我脫穎而出，找到更好的工作，但理想派人士根本不知道就業市場的競爭有時是多麼激烈。

幸好，還有另一個不尋常的選項。從事軍職的一大好處就是有軍人權利法案（GI Bill）提供的補助，資助我升學。假如我拿這筆錢來做一件匪夷所思的事、重新訓練自己，會變怎樣呢？我可以改變腦袋，從恐懼數學變成熱愛數學，從排斥科技變成迷戀科技嗎？

我從沒聽過有誰能這樣子轉變，何況我是個害怕數理到骨子裡的人。沒有什麼比「精通數理」更不適合我的個性了。然而，軍中同事確實讓我看到了精通數理的具體好處。

那成了一項挑戰——一項無法抗拒的挑戰。

我決定重新訓練我的頭腦。

原來人人都有數學天分

可是這件事做來不易。頭幾個學期真是充滿可怕的挫折，我覺得自己好像戴著眼罩，矇上了眼睛。課堂上大多數的年輕學生似乎都有一眼就看見答案的天賦，而我只是不斷撞牆。

不過，我漸漸跟上狀況了。我發現我先前的一個大問題就是我把力氣用錯了——好比你想把一塊木材抬起來，卻一直把木材踩在腳下。我開始抓到小竅門，包括如何學習，也包括何時放棄。我發現，若能把觀念和技術消化吸收起來，內化於心，這真是強大的工具。我也學到一次不要塞太多東西，必須給自己足夠時間練習，就算這意味著同學們會比我更早畢業，因為我不像他們每一學期同時修好多門課。

隨著我逐漸學會如何學習數學與理科，學習就變得輕鬆了。令人意外的是，學習數理就跟學習語言一樣，學得越來越好之後，我就越樂在其中了。本來的那個數學迷糊大王撐住了，順利取得電機工程學的大學文憑，而後再取得電機與資訊工程的碩士學位。最後我拿到系統工程學的博士學位。我的專業領域範圍很廣，包括熱力學、電磁學、聲響學以及物理化學。我的成績是越來越好的：進了博士班以後，我不費吹灰之力就能拿到滿分。（呃，也許沒那麼簡單啦，要拿好成績還是得下點工夫的，不過，我很清楚自己得在哪些地方花工夫。）

當上工程學教授之後，我對大腦內部的運作方式產生了興趣。工程學是醫療影像技術的核心，而醫療影像讓我們認識大腦的運作方式。我對大腦的興趣，自然而然逐漸加深。我如今完全明白為何我可以改變我的大腦，它又是怎樣改變的。我知道該怎樣幫助你更有效地學習，不要像我以前那樣辛苦掙扎（註一）。而且，我作為一個融合工程學、社會學和人文科學的研究者，我也知道不只是藝術與文學需要創意，數學和自然科學也要大大仰賴創造力。

如果你（還）不覺得自己有數理方面的天分，那麼當你得知「大腦是設計來做極其複雜的運算」這項事實，恐怕會大吃一驚。我們每天接球、隨著音樂節奏搖晃懷裡的嬰兒，或者開車閃避路上的人孔蓋，這些動作都要經過大腦的精密計算。我們經常下意識地進行複雜的運算、解決複雜的方程式，渾然不知我們在慢慢解題的過程中有時候早已得到了答案。其實，每一個人都有與生俱來的數理直覺與天分，我們只是需要去掌握數理的語言和文化。

看見你的思考過程

寫這本書的過程中，我聯繫了全球數百位最頂尖的教授及老師，他們的教學領域涵蓋數學、物理、化學、生物、工程，以及教育、心理和神經科學，還有諸如商業及醫護等職能學科。我很驚訝地發現，這些世界級專家在求學過程中所採用的學習方法，大多也就是本書所描述的學習方法。這些專家也要求他們的學生採用同樣技巧。但由於這套方法有時似乎違反直覺，甚至看來是不合理的，因此老師們經常覺得很難把這些方法的精髓講清楚。事實上，由於這些方法會受到平庸之輩的嘲笑，第一流的教育者講起他們的教學與學習祕訣時偶爾會感到害臊，他們不知道許多頂尖的老師也採用了同一套方法。藉由把這種種深具價值的洞見蒐集在一起，你可以輕鬆向頂尖的老師與教授學習並運用這些實用技巧。這些技巧可以幫助你在短時間裡學得更深入而更有效。此外，你還可以從學生及其他學習者（那些和你有同樣限制與想法的人）的例子裡得到一些領悟。

請記得，這本書是同時寫給數學專家和恐懼數學的人看的，希望能幫助你輕鬆一點學習數學和自然科學，不論你過去成績好壞，或者你覺得自己有沒有這方面的天分。本書旨在讓你看見你的思考過程，讓你明白大腦如何學習——更讓你看見你的大腦是如何騙了你，使你誤以為自己學會了，其實什麼都沒學到。此外，本書還提供許多練習，幫助你培養能力，你可以直接運用到目前的課業上。如果你的數理原本就很好，本書的見解可以幫助你精益求精，加深你的學習樂趣、增強創造力，讓你解題解得更漂亮。

假如你硬是認定自己沒有數理天分，這本書也許會改變你的想法。你覺得很難相信，但是真的是有希望的。書中這些具體的訣竅，來自於大腦實際的學習過程。當你遵照這些訣竅，你看到腦中的改變，看到這些改變為你培養出新的熱情。

本書會幫助你事半功倍，並且更有創意，不只是在數理上，而是對你所做的每一件事都能有所助益。

讓我們開始吧！

{第2章}

大腦的兩種學習模式

如果你想了解學習數理的幾個重大祕密，請看下頁這張照片。

照片裡，右邊的男士是傳奇人物，西洋棋大師蓋瑞．卡斯帕洛夫（Garry Kasparov），左邊的男孩是十三歲的麥格努斯．卡爾森（Magnus Carlsen）。男孩卡爾森在快棋比賽（speed chess game）戰局正酣之際，信步離開了棋桌，可是在這種比賽當中你通常連思索下一步或整體策略的時間都沒有。這有點像是在尼加拉大瀑布上走著鋼索，卻突然來一個後空翻。

果然，卡爾森這一起身，嚇倒了對手。卡斯帕洛夫亂了方寸，他沒能痛宰這個狂妄小毛頭，反倒戰成了平手。而聰明的卡爾森（他後來成為西洋棋史

二○○四年的「雷克雅維克快棋賽」中，十三歲的麥格努斯·卡爾森（左）正在與傳奇西洋棋天才蓋瑞·卡斯帕洛夫（右）對弈。接下來卡斯帕洛夫會變得更為驚愕。

上最年輕的棋王）這舉動遠遠不只是跟老前輩耍心機而已。若能洞悉卡爾森的做法，有助於我們理解大腦學習數理的過程。

在說明卡爾森如何以心戰智取卡斯帕洛夫之前，我們得先介紹有關思維方式的幾個重要概念。（但我保證會回來談談卡爾森。）

這一章會觸及本書的幾個重要主題，所以，別覺得驚訝你必須在不同的思維之間來回切換。這種切換思維模式的能力——先略窺內容梗概，再回頭深入理解——正是本書的主要概念之一！

◆換你試試看

為大腦暖機

當你閱讀一本講述數理概念的書時，在進入某章內文之前，先「逛一逛圖片」會很有幫助。瀏覽這一章的表格和圖片，看一看小標題和摘要，若是每一章節末尾還附有練習題，你也看一看這些題目。這樣做似乎有違直覺做法——你根本還沒讀內文呢！但是這樣做可以幫助大腦進入準備狀態。所以，現在你就快速瀏覽這一章，也看一看本章結尾的題目吧！

在精讀內文之前先花一兩分鐘瀏覽內容，可以幫助你整理頭緒，效果好得令你吃驚。這樣做相當於在神經網路中建立一些小小的掛勾，把思維分門別類掛上去，這可以幫助你更快理解書中的概念。

專注式思考和發散式思考

二十一世紀之初，神經科學家終於取得重大進展，理解了大腦在兩種不同神經網路——高度專注狀態，以及比較放鬆的休息狀態——之間如何切換（註一）。我們把對應於這兩種神經網路的思考過程分別稱為「專注模式」（focused mode）及「發散模式」（diffuse mode）。這兩種模式對於學習具有重大意義（註二）。你的日常生活似乎經常在這兩種模式之間切換。你要不是處於專注模式，就是處於發散模式，你不會有意識地同時運用兩種模式。當你沒有刻意費心去做某一件事，這時似乎是發散模式在幕後默默運作（註三）。有時候，你也可能一閃神就進入發散式思考模式。

學習數學理科的時候，「專注模式」是不可或缺的思考方式。這是用理性的、循序漸進的、分析的方法來直接解決問題。專注模式跟大腦前額葉的專注能力有關。前額葉的位置就在額頭的正後方。（接下來，我會用「注意力章魚」這個比喻來深入探討這一點。）當你聚精會神做某一件事，這時專注模式應聲登場，就像手電筒的光束那樣密集而有穿透力。

「發散模式」也是學習數理不可或缺的思考方式。這個跟「大方向」有關，可以使我們在百思不得其解的時候靈光乍現。當你放鬆下來，任由思緒神遊，這時大腦就會進入發散

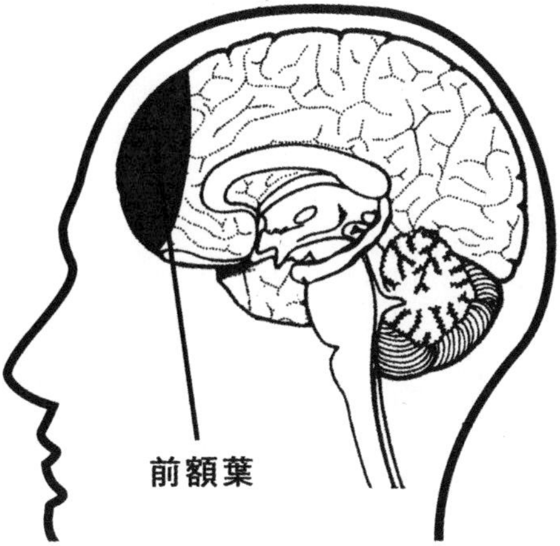

前額葉是額頭正後方的部位

模式。放鬆，可以幫助大腦的不同區塊進行連結，產生珍貴洞見。發散模式似乎不跟大腦的任何一個區塊有直接關係——你可以想像它「發散」在大腦的各個部位（註四）。發散式思考帶來的頓悟，往往是從先前用專注模式思考所得到的初步認識而湧現的。（巧婦難為無米之炊，也得有泥土才能製造磚塊！）

學習過程牽涉到複雜的神經運作，它涵蓋大腦的各個部位，動用兩個半腦之間的來回傳導（註五）。思考與學習是非常複雜的過程，不光只是在專注模式與發散模式之間切換而已。幸好我們在這裡不需要進一步討論其中的生理機制。讓我們換一個方式來說明。

專注模式：步驟緊密的彈珠台

為了了解專注與發散模式的心智過程，讓我們來玩一玩彈珠台。（「譬喻」是學習數理的強大工具。）彈珠台是一種老式的遊戲，你拉開彈簧掣，把鋼珠撞出去，鋼珠就會在小橡皮樁之間任意彈跳。

請看左頁的圖。當你凝神思索問題，腦中便有如拉開了彈簧掣，射出一個想法。砰——想法衝了出去，就像左邊的圖那樣，像鋼珠似的在腦中彈跳碰撞。這就是專注的思維模式。

注意看：在專注模式中，彈珠台的各個小圓樁之間的距離非常緊密。相反的，右邊的發散模式中，橡皮樁的排列就比較寬。（如果把譬喻推得深一點，你可以把每一根圓樁想像成一束神經元。）在專注模式裡，排列緊密的圓樁代表你可以輕易得出明確的想法。基本上，用專注模式可以對付你原本就熟悉而且操作熟練的事情，而這些事的基本概念在你腦中已經具備緊密的連結。仔細看圖示：在專注模式的圖上半部，有一條較寬的，也「較常被踩踏」

快樂殭屍正在玩神經彈珠台

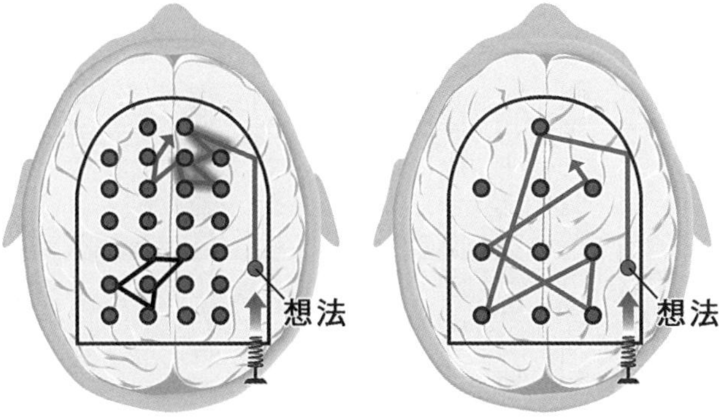

在「彈珠台」遊戲中，象徵「想法」的鋼珠被彈簧掣撞擊，彈射了出去，在一排排橡皮樁之間任意滾動撞跳。圖中有兩座彈珠台，分別代表專注（左圖）與發散（右圖）的模式。專注模式適用於聚精會神思索特定的問題或概念。不過，在專注模式之中，你有時會不小心發現自己好像在錯誤的地方使力，拚命在大腦某一區塊裡尋找答案，然而解題所需的思維卻位於大腦的另一個區塊。

好比說，在左邊的圖示中，你的鋼珠一開始在上半部的「想法」之間彈跳碰撞，卻距離下半部的思維很遠。你也可以看出，上半部的思維之中隱約有一條較寬的路徑，那是因為你以前運用過類似的思維。而下半部的思維是全新的——還沒出現潛在的寬闊路徑。

右圖的發散模式，通常涉及大方向的思考，適用於學習新事物。如圖所示，發散模式沒有辦法幫助你密集而專注地解決特定的問題——但它可以幫助你更靠近解答，因為你的思維可以跑得更遠（撞上較遠處的緣樁）。

的路徑。這條較寬的路徑，顯示出專注思維會依循你已經練習過或體驗過的路徑進行思考。

舉例來說，你可以運用專注模式進行乘法運算（當然這是指你原本就學過乘法的話）。如果你在學習西班牙語，你會運用專注模式練習上星期學到的動詞變化，讓自己更熟練。如果你練習游泳，你會運用專注模式分析你的蛙式動作，練習壓低身體，讓動力集中來向前推進。

當你全神貫注的時候，前額葉會自動沿著神經路徑發出訊號。這些訊號，把你在思索的問題所牽動的腦中各個不同部位串連起來。這過程有點像章魚伸出觸爪，探索周遭。然而，就像章魚只有那麼幾根觸角來進行連結，你的「工作記憶」（working memory）一次也只能容納那麼幾件事情。（後面章節會談到工作記憶是什麼。）

大腦處理問題的方式，先是從文字開始——你集中注意力，閱讀書本或是上課抄的筆記。你的注意力章魚啟動了你的專注模式。你開始專心琢磨問題，你的思緒集中，像鋼珠撞上一個接一個緊密排列的小圓樁，思緒沿著熟悉的神經路徑前進，不脫離你原本就知道或熟練的領域。你的思緒在根深柢固的模式中打轉，很快就選定一個答案。可是，在數學和自然科學領域中，一個小小改變往往就能讓問題大大不同，而想找到解答也就跟著變得困難許多。

為什麼數學和理科比較難

用專注模式解決數理問題，往往比用專注模式思索語言及人文問題更費勁（註六）。原因是什麼？或許是因為，比起傳統語言，數理概念裡面含有更多抽象的密碼，而人類經過幾千年演化還沒有演化出處理數學概念的能力（註七）。當然，我們能思索數學及自然科學，只不過其中的抽象性和加密性（encryptedness）為數理問題增添了一層（有時是好幾層）複雜度。

「抽象性」是什麼意思？你可以指著牧場上正在反芻的活生生牛隻，跟書上的「牛」這個字劃上等號。不過，你無法指出「＋」這個符號的活生生形象——加號背後的概念比較抽象。至於「加密性」，我是指符號背後可以象徵各種運算或概念，例如，乘的符號象徵的是重複的加。如果用彈珠台來打比方，數學的抽象性及加密性，彷彿讓彈珠台的圓椿變得比較鬆軟——你必須多練習幾次，圓椿才會固定，讓鋼珠的彈跳更為穩妥。這也說明了為什麼拖拖拉拉的毛病對於學習數理來說是重大課題。（當然啦，不管學哪一科，都得解決拖延的毛病。）後面也會深入討論這個問題。

數理之所以困難，還牽涉另一項叫做「愛因司貼浪效應」（Einstellung effect；或稱「定勢效應」）的難題。在這種現象之下，你的既定觀念或最先出現的念頭，會阻礙你找到更好的想法或解答（註八）。我們在專注模式的彈珠台上看到了這種現象：代表「想法」的彈珠一開始就往大腦的上半部跑，然而解決問題的思維模式卻位於圖像的下方。（「愛因司貼浪」這詞出自德文，意思是「安裝」。你可以把「愛因司貼浪」想像成安裝路障，而那路障就是你一開始看事情的角度。）

這種謬誤尤其容易出現在理科的學習上，因為有時候你一開始的直覺會誤導方向。你在學習新知的時候，必須設法忘掉腦中既有的錯誤觀念（註九）。

定勢效應是學生經常碰到的絆腳石。問題是，你不光只是需要重新訓練你出於自然反應冒出來的直覺——面對習題，你有時根本不知道從何下手。你不得要領——你的思緒距離正確解答很遠，因為在專注模式中一個緊跟著一個的圓樁，阻礙了你的思緒大幅跳向解答所在的地方。

這也可以解釋學生在學習數理時常犯的一個重大錯誤，就是還沒學會游泳就直接跳入水中。換句話說，還沒讀課本、沒聽課、沒有觀看線上課程或跟哪個內行人談過，就盲目地開始寫作業。這是注定失敗的。這就像任由思緒在專注模式的彈珠台中隨便亂撞亂彈，卻沒有先花一點時間看一下解答究竟落在什麼地方。

知道如何去找到真正的解決方法，這是很重要的。面對數理問題如此，生活中的各個層面都是如此。比方說，先做一點研究、提高警覺，甚至自己先做實驗，就可以讓你避免把錢（甚至是健康）浪費在謊稱具有「科學」效果的產品上。只要具備一點數學常識，你就可以避免拖欠貸款——而拖欠貸款恐怕會對你的生活造成重大的負面衝擊。

發散模式——鬆散的彈珠台

請回想第29頁那章發散式彈珠台的大腦圖片。在圖裡，圓樁之間的距離較遠，排列也鬆散。這種思維模式，讓大腦有較為寬闊的視野。你看出來了嗎？在這模式裡，思緒不容易撞上圓樁，而可以跑得比較遠。連結點比較分散——你很快可以從一串念頭跳躍到另一串相隔很遠的念頭。（在這種模式下，你確實很難進行精確而複雜的思考。）

當你想理解新的概念、設法解決新的問題時，腦中沒有已存在的神經模式引導你思考——還沒有潛藏一條暗示的路徑指引你走往哪裡。你也許得大範圍搜索才能找到可能的解決方法。這種時候，發散模式正符合需要！

還可以用手電筒來打比方，說明專注模式與發散模式的不同。使用手電筒的時候，你可以選擇集中的光束，讓光線深入穿透某個特定小區域；你也可以選擇漫射的光線來照亮大範圍，不過這種光線無法強力直射某個特定區塊。

當你打算釐清一個新事物的時候，最好的辦法是先關掉專注式思維，而啟動可以「綜

觀全局」的發散模式，直到你發現新的、有效的處理方式。我們稍後會提到，發散模式是很有個性而勉強不來的模式——不是你要它啟動它就會乖乖聽話的。但我們會傳授你訣竅，幫助你在不同模式之間來回切換

為什麼有兩種思維模式？

我們為什麼有兩種不同的思維模式？答案也許跟脊椎動物面臨的兩大生存問題以及基因傳承有關。舉例來說，當小鳥啄食地上的食物，牠得全神貫注才能啄起細小的穀粒。但是在此同時，牠還得眼觀四面耳聽八方，隨時注意老鷹這類掠食者的蹤影。要如何執行這兩種迥異的任務？最好的辦法就是分別進行：有一個腦半球負責啄食所需的注意力，另一個腦半球負責掃描四周的危險信號。當兩個腦半球分別負責特定的感官知覺，生存的機會便大幅提升（註十）。仔細觀察鳥類，你會發現牠們啄一下食物就會停下來看看四周——幾乎就可說是在專注和發散模式之間轉換。

我們也在人類身上看到類似的大腦分工：細緻而集中的注意力跟左腦的關係比較強，左腦似乎負責處理有條理的資訊和邏輯思考，按照步驟循序漸進。右腦則更傾向於掃描周遭環境、與人互動、管理情緒，並且負責掌控全局，處理同時湧入的多種資訊。

從左右兩邊大腦的這些細微差異，我們大致可以明白人類為何出現兩種不同的思維模式。但是對於所謂「左腦人」和「右腦人」的說法要很小心——因為研究顯示完全沒有這回事。現在我們很清楚知道：不論是專注或發散的思維，都要動用到左右兩邊半腦。若要學習數理、啟發數理創意，這兩種思維能力就都要加強並且善用。

證據顯示，當我們遇到了難題，首先必須很專注、很努力去設法解題。（這是小學生都知道的事！）不過，解決問題時（尤其是遇到難題的時候），發散思維也非常重要。可是，我們一旦刻意集中心力處理問題，就阻擋了發散模式出現的機會。這些是有意思的事實。

結論就是，不論哪一門學科，解決問題都需要在兩種截然不同的模式之間切換。一種模式處理所接收到的訊息，再把結果送交到另一個模

違反直覺反應的創意

「理解了發散模式的概念之後，我開始在生活中注意到它的存在。比方說，我發現我寫得最好的吉他曲子總是在我『鬧著玩』的時候出現。反過來說，要是我正經八百坐下來，下定決心創作一首曠世傑作，最後寫出來的曲子反而往往平凡無奇。相同的情況也發生在我寫作業、想報告主題，或者努力解決數學難題的時候。現在我奉行一條經驗法則：你越是勉強自己擠出創意，你的點子就會越沒創意。到目前為止，我還沒遇到不適用這條法則的情況。說到底這表示：想要認真工作——而且做出好作品——的話，能否放鬆是很重要的因素。」——尚恩・華索（Shaun Wassell），資訊工程系第一新生

式。資訊在兩種模式之間來回，這是大腦試圖在意識層上理解問題並尋求解答的過程（註十一）。（但是太瑣碎的問題除外。）這裡提出的概念，對於理解數理的學習極有幫助。而你可能也看出來了，這些概念同樣能幫助其他領域的學習——例如語言、音樂和創意寫作。

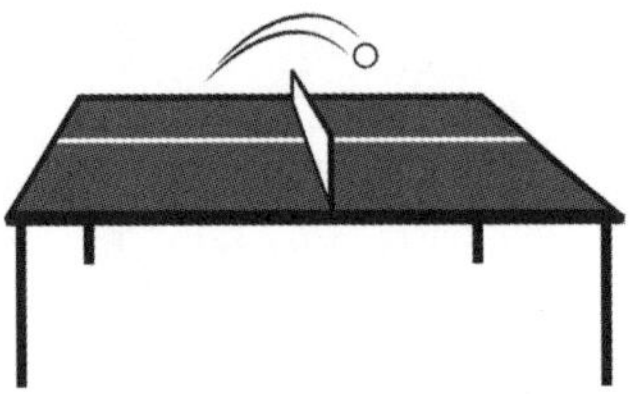

乒乓球要能夠在兩邊來回跳動，球賽才會有贏家。

擁抱困惑

「學東西的時候，感到懵懂是很正常的。學生碰上不知道如何解決的問題時，往往覺得，完蛋，這一科沒救了。越是聰明的學生就越容易因此受挫——他們輕輕鬆鬆就完成高中學業，因此沒機會知道困惑的感覺是很正常而且必要的。可是呢，學習過程中最重要的地方就是去設法搞清楚自己哪裡不懂。能夠把問題說清楚，這場仗就打贏了八成。一旦你釐清了是什麼地方沒弄懂，你心裡很可能就有了答案！」——肯尼斯·李奧波（Kenneth R. Leopold），明尼蘇達大學化學系特聘教授

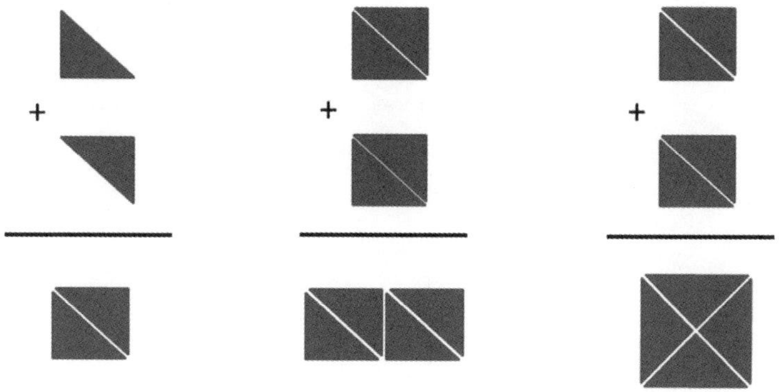

這個簡單的例子可以大致說明專注思維跟發散思維的不同。拿兩個三角形，請你拼成一個正方形。這不難做到，如圖的左邊顯示。

如果，再加兩個三角形，請你拼成一個正方形，你很容易錯把它們照先前做法，把幾個三角形擺在一起，結果拼成一個長方形，如圖中間的樣子。這是因為你的腦子已經在專注模式中畫了一個圖形，而你很自然就照著這個範例思考。

你必須用出於直覺的發散式的跳躍思考，才會發現你得徹底改變拼湊方法，如圖的右方所示（註十二）。

切換模式

以下這個認知練習，可以幫助你感受從專注模式移轉到發散模式的過程。試試看，你能夠光移動三枚銅板，就把這個三角形變成倒三角形嗎？

當你放鬆注意力，什麼都不想的時候，最可能福至心靈，得到答案。

你要知道，有些小孩一下子就解出來了，反倒是某些聰明絕頂的教授最後乾脆認輸投降。召喚你的赤子之心，將有助於回答這個問題。你可以在本書最後面的注釋找到這題目的解答。（接下來其他的「換你試試看」的練習題的解答也都會在書末列出來（註十三）。

說起「拖延」這回事

許多人深受拖拉的毛病所苦。本書會仔細討論如何對付拖延的壞習慣。現在你先只要記住這一點：如果你一拖再拖，最後你剩下的時間就只夠你拿來做表面的專注式學習，而你感受到的壓力也隨之升高，因為你知道自己不得不完成一件你很討厭的工作。於是，你在腦中留下的神經模式是模糊、破碎而且很快就會消失的——這是很不牢靠的基礎。這很可能造成大問題，對於學習數理尤其嚴重。如果你在考試之前才臨時抱佛腳，或者寫作業的時候草草了事，你就沒有給足夠時間讓這兩種模式來一起幫你理解困難的觀念和題目，幫助你融會貫通。

短暫的高度專注

如果你跟許多人一樣，發現自己有拖延的壞習慣，以下提供你一個訣竅：關掉手機和其他會使你分心的聲音或影像（或網站），然後拿一個計時器，設定二十五分鐘，要求自己在這二十五分鐘內全心專注在一件事情上——任何你想做的事情都可以。別擔心你能不能做完，只管去做就是了。二十五分鐘到了以後，請犒賞自己，去逛網路、檢查手機訊息，想做什麼就去做什麼。犒賞跟工作一樣重要。你會發現高度專注二十五分鐘能產生多麼高的成效——特別是當你只專注在工作本身，不擔心能否完成。這種技巧稱為「番茄鐘工作法」（Pomodoro technique），第六章會再深入討論。

如果你把這種工作法做進一步的運用，請先想像：一天結束之時，你回顧一整天裡做完的事，其中最重要的事會是什麼？想像它，然後把這任務寫下來，接著你就去做。試著每天至少投入三個二十五分鐘的專注時段，隨便做什麼都好，或者就是去做你認為最重要的任務。

一天過去，看看你的待辦清單上劃掉了哪些項目，好好品嘗這份成就感。然後寫下你明天想做的幾件重要事項。及早準備，可以促使你大腦的發散模式開始思考隔天要如何處理那些任務。

本章重點整理

- 我們的大腦會使用兩種截然不同的思維方法——專注模式和發散模式。你在這兩種模式之間來回切換，一次只使用一種模式。
- 面對新的觀念或新的問題時，一開始會覺得被難倒，這是很正常的現象。
- 想要理解新的概念、解決新的問題，你一開始要很專注，可是同樣重要的是你接下來必須轉移注意力，暫時忘掉你想要學的東西。
- 所謂「定勢效應」，指的是被錯誤的方法絆住，卡在其中，無法解決問題，無法理解新概念。若能從專注模式轉到發散模式，可以幫你甩開這種效應。所以請你記住：有時候你的頭腦需要保持彈性，你要切換思維模式才有辦法解決問題、理解概念。解決問題的時候，你一開始的想法很可能方向完全錯誤。

停下來回想

把書闔起來，轉頭看一看別的地方。回想這一章的重點是什麼？若是你剛開始運用這項技巧，還想不起什麼內容，請別擔心。只要持續練習，你會發現你的閱讀方法和記性都會出現改變。

加強學習

1. 你如何發現自己處於發散模式？那是什麼感覺？
2. 當你有意識地思考問題時，你啟動了哪個模式、阻礙了哪個模式？有什麼方式可以排除阻礙？
3. 回想你受到定勢效應影響的經驗。你該怎麼做才能轉變思維，跳脫錯誤的成見？
4. 請用手電筒光束當做比喻來形容專注和發散模式。哪一種光線可以讓你看得更遠？哪一種光線可以讓你在較近的距離內看得更廣？
5. 為什麼對於學習數理的人而言，拖拖拉拉有時是特別讓人困擾的問題？

跳出瓶頸：經濟系大四學生娜蒂雅．努伊梅迪的體會

我高二那年選修微積分。那是一場惡夢。微積分跟我學過的東西完全不一樣，我根本不知道從何學起。我從來沒花過那麼多時間和力氣讀書，可是不論我做了多少練習題，不論我在圖書館待到多晚，還是什麼都沒學到。最後我只好死背，勉強應付。想也知道，我的AP（大學先修課程）考試考得並不理想。

那之後兩年，我逃避數學，直到大二才修了微積分一，結果我拿到4.0的高分。我不認爲我比兩年前聰明，只不過我的學習方法有了徹底的改變。

我想，我高中的時候是陷在專注式思考模式中（愛因司貼浪！）了，以爲只要不斷用同一套方法解題，遲早能懂。

我現在是數學和經濟學的家教。學生清一色的毛病都是太想要從題目中找到解題的蛛絲馬跡，而沒有先去理解題目。你沒辦法教學生如何思考——那是一種心路歷程。不過以下提供我的訣竅，有助於理解一開始似乎很複雜、很莫名其妙的觀念：

- 比起聽講，閱讀更能幫助我理解，所以我一定會讀書。先瀏覽一遍，大致明白一個章節要傳達的概念，然後再細讀。我會讀一遍

以上（但不是緊接著第一遍就立刻讀）。

- 如果讀完書本還不能充分理解內容，我會查 Google，或者上 YouTube 觀看相關影片。這不是因爲書本或教授的講解不夠詳盡，只是有時候聽一聽不同的說法，可以幫助心智從不同角度看問題，進而觸發理解。
- 我在開車的時候思路最清晰。有時候我會刻意休息，去開車兜風——這樣很有用。我得找別的事做。因爲假使我一直坐著在想問題，最後只會覺得無聊、恍神，沒辦法專心。

{第3章}

學習是一種創造

愛迪生（Thomas Edison）是史上最多產的發明家之一，以他名字登記註冊的專利超過一千項。沒有任何事情能阻礙他的創造力。就連他的實驗室被大火夷為平地，愛迪生還是可以興高采烈，為新實驗室擘畫藍圖，他說要把新實驗室蓋得比以前更大、更好。愛迪生怎能有如此驚人的創造力？你會發現，這跟他切換思維模式的特殊訣竅有關。

在專注和發散模式之間切換

大多數人只要注意力渙散一會兒之後，心智自然而然會從專注模式切換到發散模式。你可以散步、打個盹兒、上健身房運動。你可以找點別的事做，運用大腦的其他部位：聽音樂、練習外語的動詞變化，或者清理寵物的排泄物（註一）。重點在於：「去做別的事」，直到大腦意識完全忘掉你先前在解決的問題。如果你沒運用其他訣竅，那麼這個轉換過程通常需要幾個鐘頭。你也許會說你沒有那麼多時間，但如果你只是把注意力轉移到其他需要處理的事情，然後在中途休息放鬆一下，你就不算浪費時間。

創意專家霍華・古柏（Howard Gruber）曾說，運用三B之中的任何一項通常就能達到效果：睡覺（bed）、洗澡（bath），或搭公車（bus）。十九世紀中期有一位創造力非凡的化學家，叫做亞歷山大・威廉森（Alexander Williamson）。他發現，獨自一人出去散步，對於推動工作的效果相當於他在實驗室裡埋頭苦幹一整個星期。（他那個時代還沒有智慧型手機，這要算他好運吧。）各種領域的工作都可以靠散步來刺激創造力。好幾位知名作家，譬如珍．奧斯汀、卡爾．桑德堡、狄更斯等人，都經常花長時間散步，在散步中得到靈感。

當你把注意力從眼前的問題移開，這時發散模式便能趁隙而入，開始在腦中大範圍搜索，尋找解決問題的大方向。當你休息完畢、回到問題來，你往往會發現，答案突然浮現，得來全不費工夫。也許你一時沒找到答案，但你往往也能得到進一步的理解。你事先得用專注模式下苦工，但是在發散模式之中浮現的這種突如其來而意料之外的答案，簡直可說是「頓悟」了。

你原本苦惱於一個想很久都想不通的問題，突然你腦中冒出窸窸窣窣的微小聲音，迸出一個直覺式的答案，這種時刻，是數學和理科——以及藝術、文學和任何創造工作——最難以言喻也最轉瞬即逝的美妙感受！你真的會發現，數學和理科也是需要仰賴高度創意思考的。

那種在迷迷糊糊即將睡著的時候所經歷的亮光、斷裂的感受，似乎就是潛藏在愛迪生驚人創造力背後的魔法。據說，愛迪生遇到難解的問題時，他不會絞盡腦汁想答案，反而會跑去睡覺。他會坐在躺椅上打盹，手中握著一顆滾珠，滾珠的下方地板擺著一個盤子。當他放鬆了，思緒開始在自由而寬廣的發散式思維中翱翔。（進入睡眠狀態正是放鬆大腦的好方法，可以讓大腦自由思考你想解決的問題，或是你正在創造的作品。）愛迪生睡著後，滾珠從手中滑落，往地面掉下，哐啷一聲吵醒了他，這時，他抓住發散思維中的吉光片羽，創造出新的解決方法（註二）。

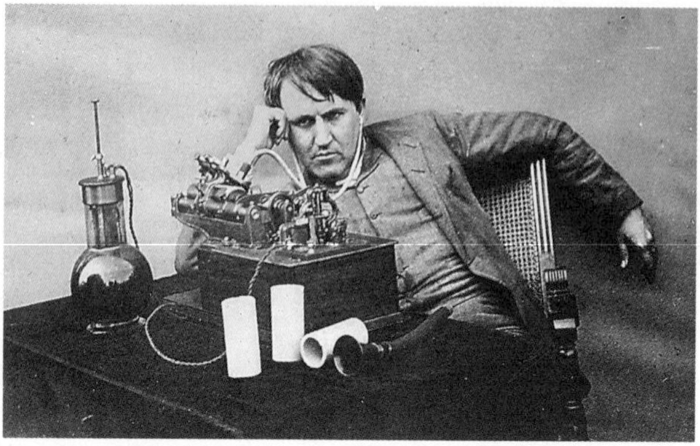

據說，天才發明家愛迪生（上圖）有一套聰明辦法，可以讓心智遊走於專注和發散模式之間。著名的超現實主義畫家達利（下圖）在創作時，也運用了相同的技巧。

創意是掌握自己的能力，並且加以延伸

技術、科學和藝術等不同領域的創造力之間，存有深厚淵源。瘋狂的超現實主義畫家達利（Salvador Dali）和愛迪生一樣，也利用半夢半醒之間手中物體掉落的哐啷聲，來開啟他發散模式的創意視野。（達利稱這種方法為「不眠之眠」。）善用發散模式，可以幫助你在更深、更有創造力的層面學習。在數理問題的解答方法背後，蘊含著豐富的創造力。許多人以為一個題目只有一種標準答案，但是如果你有足夠創意，你就能看到許多不同的解答。好比說，目前已知有三百多種不同的方法可以證明畢氏定理。（我們很快會談到，科技方面的問題和解答也許可視為某種詩的型態。）

然而，創造力不只是培養出科學或藝術本領；你必須懂得駕馭你自己的才能並且加以延伸。許多人自以為沒有創意，這種想法大錯特錯。每一個人都有能力製造新的神經連結，都有能力提取不知道什麼時候跑進腦子裡的記憶——創造力研究員黎安．賈柏拉（Liane Gabora）和阿帕拉．朗珍（Apara Ranjia）稱之為「創造力魔法」（the magic of creativity）。如果能理解心智運作的方式，將有助於理解思維的創造力本質。

◆換你試試看

從專注到發散

請讀這個句子，數一數它有幾項錯誤：

這個具子有三個錯物。（Thiss sentence contains threeee errors.）

在專注模式之下，你一眼就可以揪出兩個錯誤。然而，你需要採用比較發散的思考，才能看出第三個矛盾。（解答就在書末的注釋中。）（註三）

來回運用兩種思維模式才能學得透澈

愛迪生的故事還有另一個啟示。在數學和自然科學領域裡，我們可以從失敗得到許多教訓。你要知道，你每一次抓到你解題時犯下的錯誤，這就是又進步了一些——揪出錯誤應該能帶給你某種滿足感。據說愛迪生本人說過：「我沒有失敗。我只不過是找出了千萬種不

成功的方法罷了。」（註四）

錯誤在所難免。若想超越錯誤，你必須及早動手做你的作業，而你除非做得太開心以致忘記時間，否則你每一段的工作時段都不宜太長。請記得，你放鬆休息的時候，發散模式仍在腦海深處持續運轉著。這是最划算的買賣了——你一邊放鬆竟然還能一邊學習。有些人以為自己從來沒進入發散狀態。但事情不是這樣。你放鬆下來，什麼也沒想，這時腦子自然就會進入某種模式的發散思維。這是所有人都會發生的情況。

想要促動發散模式來對付困難題目，最有效也最重要的因素也許是睡眠。但你不要被發散模式看起來隨意輕鬆、有時甚至好像睡著的特徵給騙了。你可以把發散模式想像成登山時的基地營，也就是在攀登高山的漫漫長路中不可或缺的休息站。你在休息站歇腳、反省、檢查裝備、確認自己沒走錯路。但是，你絕不會把基地營的休息和攻頂的過程混為一談。換句話說，運用發散模式並不代表你可以打混而以為出現進步。一天一天，均衡練習（在用心的專注模式和放鬆的發散模式之間來回切換），才能達到學習效果（註五）。

一道題目要能夠進入大腦，剛開始往往得靠專注模式；而運用專注模式時，你需要拿出全副精神。研究顯示，我們的大腦只有固定的力氣（也就是意志力）來進行這一類的思考。當你感到疲乏了，你可以休息，跳去處理另一件需要專心應付的工作；例如原本在算數學的人，可以去讀外語詞彙。但是，進入專注模式的時間越長，你的大腦就用掉越多力氣。這好比讓大腦長時間而密集地練習舉重。正因如此，站起來動一動身體或是找人聊天這類不太費神的短暫休息，往往可以讓人精神為之一振。

你也許會想學得更快一點，想知道有沒有辦法指揮你的發散模式，讓你能更快速吸收新知。對此，我們可以拿運動來打比方。不間斷地練習舉重，並不會讓你的肌肉更發達——你需要給肌肉時間休息、生長，再鍛鍊。在練習舉重之後，休息一下，再去練習。如此循環練習，能幫助你打造健美的肌肉。重點是要持之以恆！

啟動思考小方法

扎扎實實專注工作之後，用這些發散工具來犒賞自己。我根據人們似乎得到頓悟的經驗，總結出這些能夠促進發散思維的方法。

啟動發散模式的一般方法

- 上健身房
- 做球類運動，例如踢足球或打籃球
- 慢跑、散步或游泳
- 跳舞

- 開車（或搭別人的車）兜風
- 畫圖
- 泡澡或沖澡
- 聽音樂，尤其是沒有歌詞的純音樂
- 彈奏你很熟悉的樂曲
- 冥想或禱告
- 睡覺（最終極的發散模式！）

至於以下這些啟動發散模式的方法，你進行的時間最好不要太長。（比起前面的活動，以下這些方法可能反而把你帶入較專注的思維模式。）

- 打電動
- 上網閒逛
- 跟朋友聊天
- 主動幫忙別人做一件簡單的事
- 讀一本輕鬆的書
- 傳簡訊
- 去看電影或舞台劇
- 看電視（假使睡著了把遙控器掉到地上，這就不算數。）

別急著追趕跑在你前頭的人

很多學生在學習數學和理科開始遇到瓶頸的時候，經常看著一馬當先的同學，然後叫自己要迎頭趕上。但這樣使得他們沒有多給自己一點時間來徹底理解內容，造成他們越來越落後，而挫折感越來越重，最後就放棄了數學和理科。其實大可不必如此。

請你退一步，冷靜下來，分析自己的長處和短處。如果你需要多一點時間學習數理，就接受事實吧。假如你是高中生，請謹慎安排你的課表與作息，讓自己有充分時間專心對付困難的課程，並且把每一次要讀的內容設定成你可以應付的份量。假如你是大學生，請不要一學期修太多吃重的學分，尤其當你還一邊打工時更是不該這樣。對許多人來說，比較輕鬆的數理課程，它的份量相當於其他科目的比較重比較難的課程。特別是剛進大學的新鮮人，請試著抗拒追趕上其他同學的慾望。

你會很驚訝地發現，慢慢學習可以讓你學得更扎實，學到的程度勝過那些腦筋轉得很快的同學。對我來說，有一個很重要的技巧幫助了我轉變大腦，那就是我學到不要同時修太多門數理課程。

卡住了怎麼辦！

請記得，當你在寫功課或做測驗題時，你腦海中跳出來的第一個念頭，可能會阻礙你找到更好的解答。受制於定勢效應的西洋棋棋士，一心認定他們曾綜觀全局，試圖尋找不同的方法。但是，有一項研究仔細觀察他們的視線移動範圍，發現他們的注意力自始至終都維持在原來的解答上。他們不光是眼睛沒有移動視線，他們的心智也沒有離開特定範圍，因此無法看到新的解決方法。

根據最近的研究，「眨眼」是至為緊要的生理活動，使我們有另一種方法重新評估情勢。閉上眼睛似乎意味著暫停，讓我們暫時關掉注意力，在最短時間內重振精神。也就是說，眨眼可以讓我們暫時跳脫專注思維的視角。但是另一方面，刻意閉上眼睛也許可以使我們更專注——人們全神貫注苦思答案的時候，常常會把頭轉開並闔上雙眼，或者遮住眼睛以免分心。

小棋士卡爾森很能理解那看似微不足道的分心其實多麼重要。而如今我們開始理解卡爾森為何在棋局正酣的時刻突然抽身走開。當卡爾森站起來，把視線——和注意力——轉到別的棋盤上，他的心智就能暫時從專注模式中跳出來。轉移視線和注意力，很可能是讓發散模式的直覺力開始運作的重要因素，讓他得以找出招數來跟卡斯帕洛夫對弈。卡爾森為何能快速切換模式，頃刻之間就茅塞頓開？這大概跟他高強的棋力還有平時對直覺力的訓練有關。這表示只要你在某一個領域培養出高深的功力，你也就可以找出方法，在專注和發散模式之間快速切換。

順帶一提，卡爾森或許也知道，他從椅子上跳起來的舉動會誘使卡斯帕洛夫分心。在一場高水準的比賽當中，就連稍微恍神都會使人不知所措——這提醒了我們，高度專注力是非常重要的資源，不要隨便撤掉。（除非到了你得刻意讓發散模式取得主導的時候。）

想要解開難題或者學習一項新觀念，你總得給自己幾段放鬆的時間，不要費神思索問題。你每一次安排一段時間不去想問題，都能

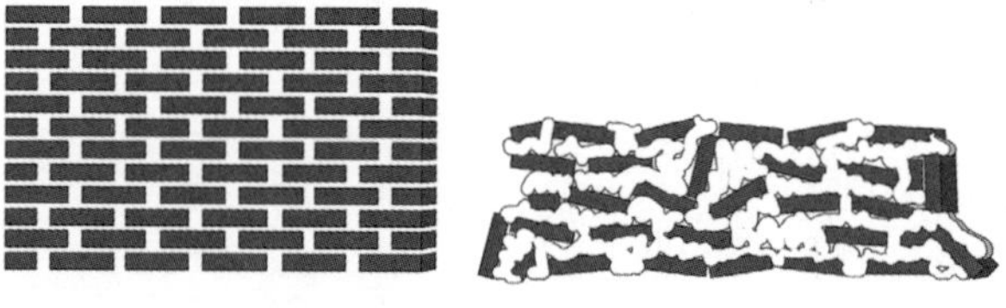

想學得好，你必須給自己一點時間讓你大腦的神經模式有機會鞏固。就像蓋一道磚牆，你得讓灰泥有時間固化，如圖左方。如果用填鴨的方式，想要在短時間裡塞進一大堆東西，神經模式就沒有足夠時間在你的長期記憶中凝固成型——結果只得到一堆歪七扭八不成形的磚塊，如圖右。

促使發散模式以全新的角度看事情。等你從發散模式回來、重新開啟專注模式，再回來對付問題，你就能融入發散式思維找到的新概念和模式，進行統整。

專注用功的時段中間的休息時間必須夠長，長到讓大腦意識完全忘記你正在處理的問題。通常幾個小時就足以讓發散模式得到重大進展，而且不至於長到害你下次重新進入專注模式的時候就忘記先前學到的地方。根據經驗法則，假如你接觸一項新的觀念，切勿超過一天不去觸碰你要學習的內容。

發散模式不但能讓你換角度思索你在學習的內容是什麼，還能幫助你把新概念和既有知識融合。這個「以全新角度看事情」的觀念，讓我們頓時明白為什麼遇到重大抉擇時最好先讓自己「沉澱」，也讓我們明白休假的重要。

交替使用專注和發散式思維

「我學鋼琴這十五年裡，偶爾會遇上撞牆期，一首曲子怎樣也彈不好。這種時候我就強迫自己的手指頭一遍又一遍練習（儘管彈得很慢、錯誤百出），然後就休息。隔天，我再回頭試這首曲子，我就可以彈得很完美了，好像變魔術一樣。

「今天，我把一道複雜得快要讓我抓狂的微積分題目甩到腦後，不再練習。我開車去參加某項藝文活動。路上，我突然想到了答案。我立刻寫在餐巾紙上，免得忘記。（務必在車上放餐巾紙，天曉得什麼時候會派上用場。）」

——崔維．德羅茲（Trevor Drozd），資訊系大三學生在學習新觀念或解決新問題的時候，大腦需要時間來消解專注和發散學習模式之間的張力。專注模式的學習就像是提供磚塊，而發散模式則是在磚塊之間塗上灰泥，逐步搭成磚牆。耐性是很重要的，你必須一點一滴學習，持之以恆。正因如此，假如你有拖延的毛病，你就有必要學一學以下幾個神經方面的訣竅，有效解決拖延的毛病。

◆換你試試看

自我觀察

下一次你遇到什麼人或事覺得很受挫時，試著退一步，觀察自己的反應。憤怒和挫折有時能激勵我們奮力求勝，但也可能使得很重要的大腦部位停擺。越來越無力的感覺往往是個重大訊號，提醒你該休息了，該讓心智切換到發散模式。

腦筋打結了怎麼辦

自制力很強的人最難叫自己關掉專注模式，好讓發散模式開始運作。畢竟，他們之所以成功，有時候就是因為他們在別人洩氣了的時候還能咬牙苦撐。如果你是這種人，你可以試另一種方法：規定自己聆聽學伴、朋友或家人的勸告，這些人可以察覺你的挫折感何時達到危險的程度。（以我來說，當我的先生和小孩提醒我不要再跟一套錯誤百出的軟體程式纏鬥，我會遵守規定，停下來。儘管我當下是心不甘情不願的。）

假如腦筋實在嚴重卡住了，最有幫助的莫過於從同學、同伴或老師身上得到新的體悟。請別人用不同的角度說明如何解答一道題目，或者用別的比喻幫助你理解概念。然而，你在請教別

以失敗為師

「十年級（高一）那年，我決定報名資訊工程大學先修班。結果，我大學先修考試考壞了。不過我沒有作罷，隔年我選修同樣的課程，參加同樣的考試。不知道為什麼，將近一年沒寫程式之後再回來，使我明白我多麼熱愛這件事情。第二次考試，我輕鬆過關。面對資訊科學，假如我太害怕失敗，不敢輕易開始嘗試，後來也不敢再接再厲，那麼我絕不會是今天這個熱情而快樂的電腦科學家。」

——卡珊卓拉・高登（Cassandra Gordon），資訊系大二學生

人之前最好自己先經過一番苦思，設法自行解決問題，因為這樣你才能把基本概念在腦子裡扎根，讓你聽懂別人的說明。學習通常意味著把你吸收進來的知識在腦中產生意義，為此，我們必須先吸收一點東西。（我記得高中時候，我會惡狠狠瞪著理化老師，責怪他們的課程害我像鴨子聽雷一樣。但我當時不明白，我自己必須先跨出那一步。）而且，別等到期中考或期末考的前一個星期才找人求助，你要及早去請教別人。老師通常能用另一種方式解釋問題，或者換一套說法，幫助你抓到重點。

◆換你試試看

認識「學習的矛盾」

學習的本質經常是矛盾的。為了學習，所需要的條件，很可能卻妨礙了我們學習。為了解決問題，我們必須凝神專注——然而專注也會阻礙我們取得學習所需的全新視野。成功很重要，但失敗也很重要。我們必須持之以恆——可是要是把毅力用錯了地方，反而會造成無謂的挫折。

在這本書裡面，你會看到關於學習的各種矛盾。你能猜測到有什麼樣的學習矛盾嗎？

認識工作記憶與長期記憶

接下來談一談有關記憶的幾個基本概念。基於本書的目的，我們只討論兩個重要的記憶系統：「工作記憶」（working memory）和「長期記憶」（long-term memory）（註六）。

工作記憶，指的是你必須立刻處理而且是有意識處理的資訊。過去研究認為，工作記憶可以容納七項內容——或說是七個「記憶組塊」（編按：原文Chunk，也有翻譯為「意元」、「意義單元」、「集組」等。本書譯為「記憶組塊」，並視前後文脈絡將之簡稱為「組塊」）——不過，如今廣泛認為工作記憶裡只能存放四個資訊組塊。（大腦會自動把記憶中的資訊分門別類，形成組塊，使得工作記憶體看起來比實際上更大。）

你可以把工作記憶想像成大腦裡的特技雜耍師，把那四件東西在空中（也就是在工作記憶體中）拋接耍玩，沒有掉落下來。這是因為，你不斷地投入著少許力氣。你也需要持續添加力氣，否則你那好比吸血鬼的新陳代謝系統（這是一種自然消耗的過程）就會把記憶吸得一乾二淨。換句話說，你必須讓這些記憶維持活躍，否則身體會把能量轉送到其他地方，使你忘記這些接受進來的訊息。

工作記憶對於學習數理而言是極為重要的，它就像你在大腦裡安裝了一塊黑板，你隨時可以在黑板上寫下想法和你正在理解的觀念。

該如何維持工作記憶？通常是透過複誦。好比說，你聽到一個電話號碼，常常會先把號碼唸一遍，直到有機會再把號碼寫下來。你專心背誦的時候，也許會閉上眼睛，以免其他東西闖入，佔用有限的工作記憶體空間。

反過來，你可以把長期記憶想像成一個大倉庫。東西一旦進了倉庫，通常就會乖乖待在裡頭。這座倉庫很大，可以容納幾十億種東西。而存放在倉庫裡的物件一不小心就會埋得太深，很難再找出來。研究顯示，當你的大腦把一件資訊存入長期記憶之後，你必須反覆溫習幾次，才能在日後需要使用的時候較快把它們找出來（註七）。（科技人偶爾把短期記憶比喻成隨機存取記憶體〔RAM〕，把長期記憶比喻成硬碟空間。）

長期記憶對於學習數理也很重要，因為解

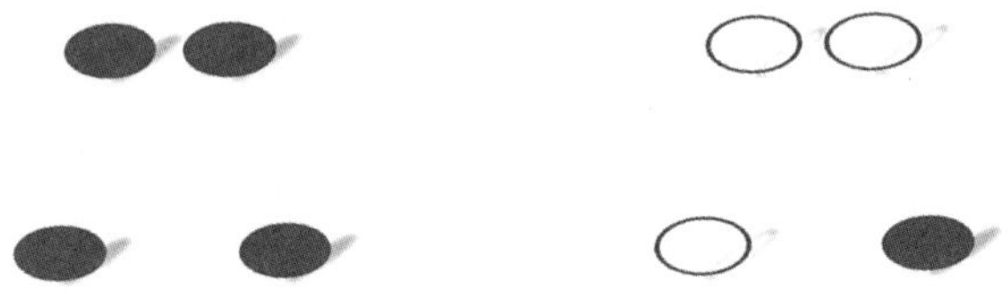

一般而言，你的工作記憶體可以容納四組資訊，如圖左的四組記憶。而當你把某個數理觀念學得很透澈，它就比較不佔工作記憶體的空間，因此釋放出更多心智空間，使你能更輕鬆地理解其他概念；如圖右。

題所需使用的基本觀念和技巧全都存放在長期記憶裡。想要把工作記憶中的資訊轉送到長期記憶，需要花一點時間；對此，你可以使用一種稱為「間隔式重複法」（spaced repetition）的技巧。你大概可以猜到，間隔式重複法就是反覆練習你打算記住的內容，例如新的單字或解題方法，但是你必須分成好幾天，間隔地複習。

在密集的複習當中，穿插一天空檔，延長你整體的練習時間，這樣確實能產生顯著的效果。研究顯示，如果你想要牢記一件事情，一個晚上反覆練習二十次，效果絕對比不上把二十次的練習分攤在好幾天或好幾個星期裡進行。這很像先前提到的蓋磚牆的比喻：如果不給灰泥足夠時間變乾（讓腦細胞突觸間的連線成型、固化），磚牆結構就不會太牢靠。

◆換你試試看

讓心智在腦海深處運作

下一次遇到很難的題目，先花幾分鐘設法解決。如果腦筋卡住了，就去做另一道題目。你的發散模式會在大腦深處繼續處理這道難題。等你從其他地方回來，再次對付這道難題時，你會發現自己大有進步。

睡眠對學習的重要

你恐怕不知道，光是醒著，腦中就會產生許多有毒物質。睡覺的時候，腦細胞收縮，細胞之間的空隙突然變很大，這像是打開了水龍頭——讓腦脊髓液流過，沖刷掉有毒物質。每晚睡眠的這種清理工作，有助於維持大腦健康。目前研究認為，由於睡眠太少造成毒物累積，是導致你無法清晰思考的原因。（睡眠不足跟阿茲海默症和憂鬱症等等多種疾病都有關聯；長期失眠有致命的危險。）

研究顯示，睡眠是與記憶和學習有關的關鍵環節。像睡眠這種特別的大掃除，一部分的工作是把記憶中瑣碎的部分清掉，同時也強化重要的記憶。睡覺的時候，大腦還會針對比較困難的學習內容反覆練習——一次一次加深、固化腦中

關於睡眠的建議

「許多人說他們沒辦法在白天小睡片刻。多年前我上了一堂瑜伽課，在課堂上我學到一個體悟：放慢呼吸。我慢慢吸氣、吐氣，不去想自己非睡著不可。我只想像自己好睏，然後專心呼吸。睡覺前，我會讓房間裡都沒有光線，或是拿眼罩遮住眼睛。另外，我把手機鬧鐘設定在二十一分鐘之前響，因為短暫小憩的時間如果太長，反而會讓人頭昏腦脹。小睡二十一分鐘可以讓我精神一振，大幅提高我的認知能力。」

——艾美．阿爾肯（Amy Alkon），專欄作家兼午睡女王

的神經連結。

最後，睡眠已被證實會明顯影響人們解決困難題目、理解學習內容的能力。換句話說，徹底關掉前額葉上那個有意識的「你」，可幫助大腦其他部位互相交流，讓它們在你睡覺的時候找出神經連結，解決問題（註八）。（當然，你必須事先用專注模式下一點工夫，替發散模式埋下種籽。）看起來，如果你在睡覺之前先把課程材料讀一遍，會增加你作夢夢到這些內容的機會。如果你更進一步跟自己說你希望能夢到這些內容，那麼你夢到它們的機會似乎又會更大一些。夢到你正在讀的書，可以大幅提高你的理解力——夢境似乎以某種方式再把記憶整理組合成比較容易理解的組塊。

如果你累了，最好就去睡吧，隔天早一點起床，用比較清醒的大腦讀書。有經驗的學習者

適用於各種學科的思考方法

專注和發散思維法對各個領域和學科都有幫助，不只是數理而已。

英文系大四學生保羅．施瓦貝說：「如果解題的時候遇到困難，我會跑上床，躺下來，放一本翻開的筆記本和一支筆在旁邊，隨手記下快睡著之前或者剛醒來時，腦子裡冒出的有關這道題目的任何想法。我記下來的東西有些是毫無意義的，不過有時候我可以發現全新的角度來思考問題。」

都能證明，用獲得充分休息的腦袋讀書一個小時，勝過用遲鈍的腦子讀三個小時。睡眠不足的大腦，怎樣就是無法建立你在正常思考下能產生的神經連結。如果你在考前一個晚上熬夜奮戰，那麼就算你準備充分，但是到頭來大腦根本沒辦法正常運作，結果考得很糟。

本章重點整理

- 面對新的數理觀念或題目，首先用專注模式設法克服。
- 聚精會神下了一番苦功之後，讓發散模式接管後續工作。放鬆一下，去做別的事！
- 假如挫折感加深了，就該轉移注意力，好讓發散模式在大腦深處開始運作。
- 面對數學和理科，每一次的學習份量最好不要太多——每天都學，一天學一點點。如此一來，專注模式和發散模式都能有足夠的時間運作，幫助你理解學習內容，建立穩固的神經連結。
- 如果拖延的毛病影響了學習，試著用計時器設定二十五分鐘，然後全神貫注，不要讓簡訊、網路或其他誘人的事情害你分心。

- 記憶系統分成兩種：
  - 。工作記憶——像一個能同時把四樣東西拋進空中的雜耍師。
  - 。長期記憶——像一座能容納許多東西的大倉庫，不過需要偶爾溫習，以免日後找不到記憶。
- 間隔式重複法，可以幫助你把工作記憶裡的材料轉存到長期記憶。
- 睡眠是學習過程中很重要的一環，能幫助你：
  - 。建立平常思考的時候所需要的神經連結——所以在考試前一晚需要好好睡覺。
  - 。解決困難的題目，領悟學習的內容。
  - 。複習你所學到的東西，並加以強化，然後刪除不必要的枝微末節。

停下來回想

站起來，休息一下——去倒水、吃零食，或者假裝自己是一粒電子，去繞著旁邊桌子轉圈。請你一邊走動，一邊回想這一章的主要概念。

加強學習

1. 列舉幾項你覺得有助於從專注模式切換到發散模式的活動。
2. 有時候，你覺得很確定自己已經盡全力去找方法分析問題了，但其實你沒有。你該如何提高自覺，更有效地掌握自己的思維，幫助自己接受新的可能性？你是否應該要求自己隨時接受新的可能性？
3. 為什麼運用自制力強迫自己停下來是一件很重要的事？除了課業之外，還有哪些情況也很需要使用這種技巧？
4. 學習新觀念的時候，你要當天就複習所學到的內容，如此一來，大腦一開始的改變才不會輕易消失。但是你的心智經常會被其他事情佔據——常常等到你再回頭讀這些材料的時候，往往好幾天過去了。你可以設計出什麼樣的行動方案，確保自己適時複習新的學習內容？

神經心理學家這樣看待創造力

心理學教授羅伯・比爾德（Robert Bilder），在加州大學洛杉磯分校擔任天能榜創造力生理學中心（Tennenbaum Center for the Biology of Creativity）主任，同時主持該校的「心靈健康」（Mind Well）研究計畫，該計畫旨在提升該校全體師生教職員的創造力和心理健康。

（照片中是羅伯・比爾德在夏威夷的瑪卡普伍海灘上「放手」撩下去。）

根據創造力生理學的研究顯示，有好幾項要素是在追求成功的時候可以設法去做的。人人都能用這些要素爲自己打造出專屬的成功配方。第一項要素就是耐吉運動品牌的廣告名言：Just Do It. 做就對了！

- 創造力是一場數字的比賽。想要預測我們一生能有多少創意作品嗎？最好的指標就是……看我們實際做出了多少件作品。以我來說，鼓起勇氣把作品拿給別人看簡直讓我苦不堪言。不過每次我這麼做了之後，總會得到很好的結果。
- 面對恐懼。我去臉書總公司發表演說之後，收到一張勵志海報，上頭寫著：「如果無所畏懼，你會去做什麼？」我每天都要看一看這張海報，然後做一件勇敢的事。你呢？你害怕什麼？別讓恐懼攔住了你！
- 批評可以讓人進步。把作品攤在別人面前，或者以旁觀者的角度審視自己的作品，會讓我們發現獨特的觀點，進而發展出更新、更好的作品概念。
- 敢於表現自己的不同。創造力和「親和力」呈現負相關；最難搞的人往往也最有創意。回想過去幾次我發現新奇想法的時刻，都是因爲我質疑原有的答案。所以我相信，每一次把一個問題刨根究柢，質疑我們（或其他人）既有的假設，並且一再反覆這樣的質疑與討論，就會更有創意！

{第4章}

記憶組塊與能力的錯覺

所羅門・施雷舍夫斯基（Solomon Shereshevsky）第一次受到老闆注意，是因為他偷懶。或者說，是因為老闆以為他偷懶。

所羅門是記者，在他所處的一九二〇年代中期的蘇聯，記者這份工作意味著如實報導你被上頭指示的消息。記者每天都會接到工作指令，詳細說明去哪個地址見哪個人，取得什麼樣的消息。主編發現大家都認真抄筆記——只有所羅門・施雷舍夫斯基不動筆。主編出於好奇心，詢問所羅門怎麼一回事。

所羅門覺得奇怪——為什麼要抄筆記呢？他問。他可以記住他聽到的每一個字。語畢，所羅門逐字複述當天早上的會議內容，一字不差。所羅門倒是覺得驚訝，原來不是每個人都有這樣的記性——絕對精確，永不磨滅。

你一定巴不得有這樣完美的記性吧？

事實上你也許未必想要擁有他那種記性。因為，所羅門的超凡記憶力也伴隨著一個問題。我們會在這一章告訴大家那是什麼問題，它涉及專注力與理解和記憶的關係。

凝神專注的時候，發生什麼事？

我們在上一章說到一個狀況令人討厭：當你陷入某種解題模式，你會無法退後一步去看見更容易、更好的方法。換句話說，**專注可以幫助我們解決問題，但也因此阻礙了我們看到新的解決方法，甚且製造出其他問題。**

當你把注意力放在某事上面，你的注意力章魚會把神經觸角往外伸展，去連結大腦的不同部位。你正專注於某個形狀嗎？如果是，這時，一根知覺觸角會從丘腦伸向枕葉，而另一根觸角則伸向充滿皺褶的皮質層。結果，你隱約得到「圓形」這個概念。

或者，你專注的是顏色？這時，你枕葉上的注意力觸角稍微挪一下位置，腦中升起「綠色」這個概念。

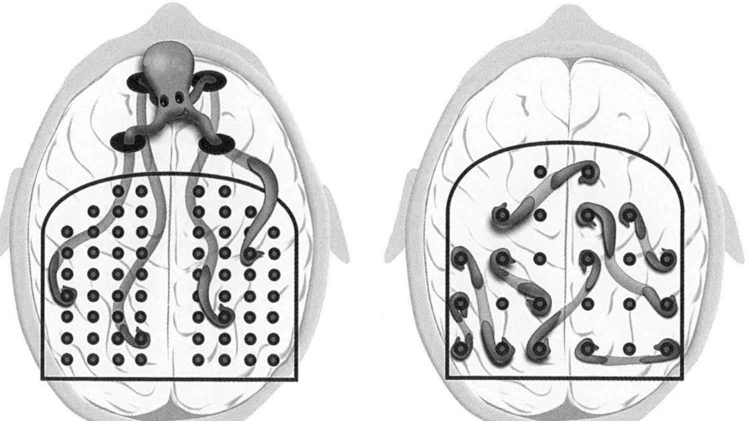

專注思考時（圖左），你的注意力章魚穿過工作記憶的四個點，在排列密集的神經圓樁之間小心翼翼地連結。而在發散模式（圖右），形成連結的神經圓樁之間比較分散，因而可拼湊出瘋狂大雜燴般的各種連結。

然後觸角與觸角之間產生更多神經連結。你得到結論：你看著的這個東西是某個特定品種的蘋果——澳洲青蘋果。好吃！

集中注意力以便連結腦中不同部位，這是專注學習模式的一個重要環節。有趣的是，當你處在壓力之中的時候，你的注意力章魚會逐漸失去連結能力。這就是為什麼在你生氣、緊張或害怕的時候，你的大腦似乎無法正常運作。

假設你想學西班牙語。如果你是在講西班牙語的家庭環境中長大，那麼學習西班牙語就像呼吸一樣自然。你母親說「mama」，你就鸚鵡似的跟著說「mama」。你的神經細胞在閃爍的神經迴路中發亮、串連，使得「mama」這個

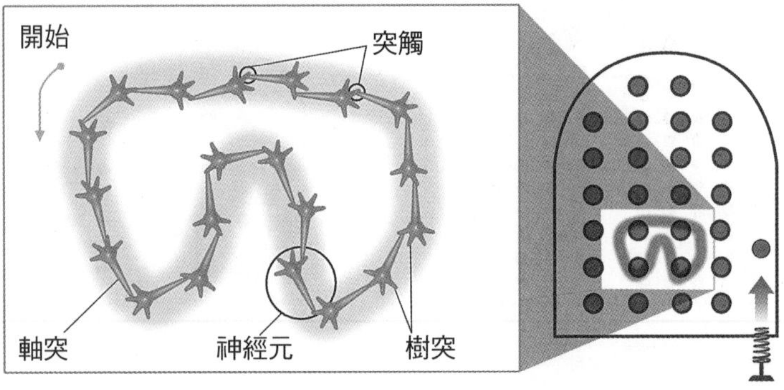

圖左，畫的是一組知識在腦中成型時，神經細胞出現緊密連結的樣子：神經元動起來，串連在一起。圖右，則是用象徵性的彈珠台來表現上述情況。這樣的記憶痕跡在你需要的時候很容易就可以被喚起。

詞彙的聲音跟你母親的笑臉在你腦中形成牢固的連結。那閃爍的神經迴路是一道記憶痕跡，跟其他許多相關的記憶痕跡連結在一起。

最棒的語言課程（例如我當年學俄文的美國國防語言學院），所安排的課程結合了有系統的練習（包括不斷複誦、死記硬背等專注式的語言學習模式），以及接近發散式的學習方式（像是跟母語人士自由交談）。這樣安排的目標，是要讓你把基本詞彙和句型深植於腦海，讓你能像說母語那般自由且有創意地運用新語言（註一）。

專注的練習和反覆演練（也就是刻下記憶痕跡），可以達到像是無懈可擊的高爾夫球揮桿姿勢、大廚熟能生巧的翻鍋動作，還有籃球的罰球線投籃等等動作。以舞蹈來說，從幼兒的搖晃轉圈，來到成為職業舞者的曼妙舞步，這中間是一條漫漫長路。但是舞藝就這樣一點一滴累積而來。從自由轉圈、踝轉和踢腿等等的小型記憶，最後匯集成規模更大、更有創意的詮釋。

什麼是記憶組塊？

所羅門．施雷舍夫斯基的超凡記憶力，帶有一個令人意想不到的缺點。他的每一道記憶痕跡都如此五彩繽紛、感情濃烈，也就是說都充滿豐富的連結；但結果竟因此干擾了他結合記憶痕跡、製造概念組塊（conceptual chunks）的能力。換句話說，他只能見樹而不能見林，因為每一棵樹的形象對他都太過鮮明。

「組塊」指的是一組以意義結合起來的資訊。將p、o、p三個字母結合起來，可串成一個概念式的、容易記住的組塊，也就是pop這個字。這就好像把龐大的電腦檔案轉成一個壓縮檔。在pop這個簡單的組塊背後，是一段由已經學會把這幾個字母的發音串連起來並發出和諧聲音的神經元所共同演奏的交響樂。像這種把簡化的、抽象的思維組塊（不論是英文簡寫、新點子或觀念）串連起來的複雜神經活動，正是一切科學、文學與藝術的基礎。

舉個例子來說，一九〇〇年代初期，德國學者阿爾弗雷德·韋格納（Alfred Wegener）提出了大陸漂移理論。韋格納分析了各種地圖，研究了許多探險經驗和文獻，他發現地球上各個不同的陸塊可以像拼圖一樣拼成一大塊。在不同陸塊上找到了相似的岩石和化石，這些發現更進一步支持了他這套理論。當韋格納把種種蛛絲馬跡串連起來，很清楚可以看見一件事：各大洲在遠古時代曾經是相連的一整塊陸地；陸地慢慢地分裂成好幾塊，逐漸漂移，最後形成我們今日所見、被海洋隔開的幾大洲。

大陸漂移！哇——多麼偉大的發現！

可是，如果前面提到的所羅門·施雷舍夫斯基讀到這段關於大陸漂移理論誕生的經過，他是無法理解的。他就算能把這段故事逐字複誦一遍，但是他無法把一個一個的記憶痕跡串連成概念組塊，所以他很難理解這個解釋陸塊漂移的概念。

事實證明，想要把數學和理科學好的首要步驟之一，就是創造出概念組塊——透過跳躍式思考，把個別資訊集合成有意義的概念。把資訊整理成許多組塊，可以讓大腦的運作更有效率。形成了觀念或概念組塊之後，你就不需要記住種種瑣碎細節；你掌握了中心思想——那個組塊——就夠了。例如早上起床後；你通常只有一個簡單的念頭——我要換衣服。可是如果你知道了在「我要換衣服」那簡單的想法組塊後頭有一大串的複雜腦部行動，你會大感詫異。

那麼，學習數學和理科時，該怎麼做才能形成記憶組塊？

建構組塊的基本步驟

涉及不同概念和程序的組塊，可以有許多不同的建構方式，而這方式通常很簡單。譬如說，當你理解了大陸漂移這個概念，你腦子裡就形成了一個很簡單的組塊。由於這本書是要以整體角度探討如何學習數理，所以就不多談地理學了。接下來要深入談一談，「理解並解答特定數理題型的能力」的這種記憶組塊是怎樣形成的。

你開始學習一種新的數理觀念的時候，通常會拿到範例題目，而且附帶解答。那是因為一開始嘗試理解某種題型時，對於大腦的認知來說是很重的負荷，如果先給你詳盡的解題範例，可以稍微減輕你的認知負荷。這就好像三更半夜在陌生的道路上開車，會使用衛星導航系統一樣。解題所需的各種細節都在眼前，你的責任是去弄清楚為什麼需要採用那些步驟，藉此理解這種題型的主要特色和背後原理。

有些老師不喜歡給學生額外的解題範例或考古題，因為不想讓學生太輕鬆就學會。可是有許多證據顯示，這些例題可以幫助學生學得更深入。然而，如果給了解題範例，值得擔心的是另一件事：使用解答範例很可能會使得學生過度專注於個別步驟，而忽略了步驟與步驟之間的連結——也就是說，沒有去理解做完步驟一為什麼接下來要做那個步驟二。所以請記住，當我說遵照解題範例時，我指的並不是「依樣畫葫蘆」那種不花腦筋的學習方法，而是應該把解題範例當成是你去一個新地方旅行時使用的旅遊指南。你一邊讀指南，一邊留意四周環境，不用多久，你會發現自己不需要指南也找得到路，甚至找出指南上沒寫的新路線。

原始資料

死記硬背

資料形成組塊，
得到理解

當你第一次接觸全新的數理觀念，偶爾會完全搞不清楚。在你腦中，那個新觀念有如零散的拼圖碎片（圖左）。死記硬背（圖中）無法幫助你理解觀念，也無法理解這個觀念跟你在學的其他觀念有什麼關聯——注意看，圖形的邊緣沒有任何接準點可以跟其他資料拼合。而記憶組塊（圖右）透過跳躍式思考，把個別資訊集合成有意義的概念。這個新的而且合乎邏輯的整體觀，使得組塊變得比較容易記住，也更容易跟你學習的其他內容融合。

建構記憶組塊的過程

1. 建構記憶組塊的第一步，就是**專心研讀你想要建立組塊的資料**（註二）。如果你研讀的時候還放任電視開著，或者每隔幾分鐘就要轉頭滑手機、回覆電腦上的即時訊息，那麼你會很難建立組塊，因為你的大腦沒有認真在做這件事。剛開始學習新的內容，你得建立新的神經模式，並且跟散布在大腦各個部位的既有模式產生連結。假如章魚的幾根觸角忙著做別的事，就沒辦法好好連結。

2. 第二步驟：**理解資料的要點**。不論你要學習的是大陸漂移理論、力與質量的等比關係、有關供需的經濟學原理，或者特定的數學題型，都要先掌握重點。這個初步理解的步驟——也就是歸納出中心思想——對於所羅門・施雷舍夫斯基而言非常困難，但是大多數學生可以自然而然釐清基本概念。或者至少可以這麼說：如果學生允許專注思維和發散思維輪流登場，幫助他們弄清楚內容，就可以輕易抓住重點。

理解就像強力膠，可以幫忙黏合潛藏的記憶痕跡。它創造出一個大範圍的痕跡，將許多條記憶痕跡連結在一起。如果不了解材料內容，還可能產生組塊嗎？也是可以的，不過那樣的組塊無法跟你腦中的其他內容融合，所以根本沒用。

話雖如此，你必須明白一件很重要的事：光是知道了一道題目如何解答，不代表你創造出了日後可以輕易喚起記憶的組塊。別把一時的領悟跟堅強的實力混為一談！（這就是為什麼你聽老師講課時都聽懂了，但是如果沒有緊接著複習，等到準備考試的時候，你似乎又不得要領了。）闔上書本，考考自己，試著解出題目；這樣的做法也有助於加速這一階段的學習。

3. 第三步驟是**建立脈絡**，好讓你知道如何使用某一個組塊，也知道何時去使用它。如果想要建立組塊的前後脈絡，你的視野必須超越原本的問題，看得更廣。你要多多練習各種相關的和不相關的題目。這種做法能幫助你看見，你剛剛形成的組塊落在整體的什麼位置上。換句話說，就算你的策略或解題工具箱裡多了一項利器，可是假使你不知道什麼時候去拿工具出來用，結果也只是白搭。總而言之，複習可以使你的組塊所連結的神經網路擴大，讓組塊更堅固，也更能從許多條不同管道來找到它。

有些組塊既跟概念有關，也跟程序有關，而這些概念和程序之間有相輔相成的效果。大量練習數學題目可以幫助你明白為什麼要使用這樣的解題程序，以及這樣的程序為什麼有效。如果你能掌握基本概念，就比較容易發現自己犯的錯誤。（相信我，你一定會犯錯，而犯錯是件好事。）而且，理解了基本概念之後，你比較容易把既有知識運用到新的問題上，這種觸類旁通的現象稱為移轉（transfer），稍後會再討論這現象。

如同這張「由上而下、由下而上」的圖片所示，學習有兩個方向。在由下而上的組塊過程中，反覆練習可以幫助你建立並鞏固組塊，讓你在必要時刻很快就能找到它。而在由上而下「綜觀全局」的過程中，你可以看清楚所學的內容在整體中佔據什麼位置（註三）。想要把東西學好，這兩種學習方向都非常重要；而「脈絡」就是由下而上和由上而下的這兩種學習交會的地方。說得更清楚一點——組塊牽涉到你學會如何使用某種解題技巧；脈絡則意味著學會何時使用這種技巧，而不是學更多解題技巧。

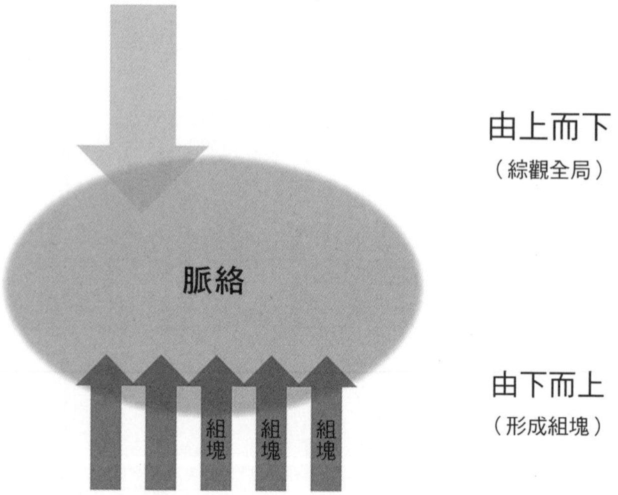

想要成為數理高手的話，這兩種學習方向都很重要：由上而下綜觀全局，以及由下而上形成組塊。

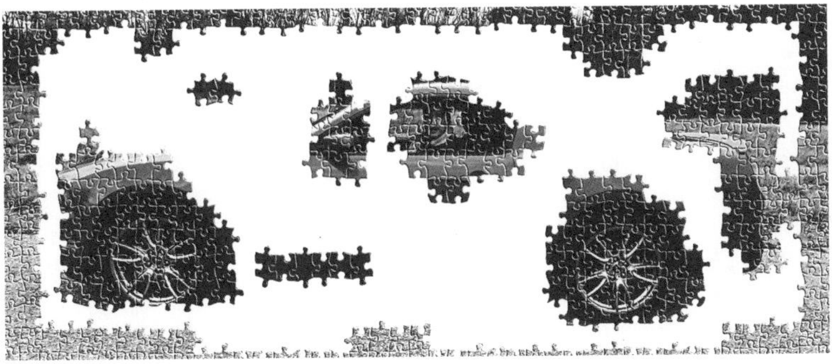

把課文瀏覽一遍，或是聆聽老師講授他整理過的內容，可以幫助你掌握全局，進而弄清楚你正在建構的組塊應該放在什麼位置。先試著理解主要觀念或課程重點——這正是好老師或一本好書在做的事：用章節概要、流程圖或概念圖等等圖表讓你看出概略。建立了架構之後，再放入詳細內容。就算到最後你仍然少了幾塊拼圖，但是你應該可以看出課程的大方向。

睡前禱告文

「我告訴學生，把會計基本原則消化吸收、融為本能的一部分，就跟練出反射式的打字本領一樣。事實上，我在鍵盤上輸入上述這段話的時候，根本沒注意到打字這個動作，只顧著整理自己的頭緒——打字動作是自然反射。我在每堂課結束時都會再三對學生說，睡前去讀一遍借貸法則和會計公式，讓這些內容成為他們入睡前對自己說的最後一段話。呃，當然，冥想和禱告不算！」

——黛博拉．賈斯納．卓岡（Debra Gassner Dragone），達拉威大學會計系老師

能力錯覺以及回想的重要

努力回想你正在學習的內容——這舉動叫做「提取」（retrieval）——比起只是反覆閱讀材料更為有效。心理學家傑佛瑞．卡皮克（Jeffrey Karpicke）等人發現，許多學生在學習的時候會出現「能力錯覺」（illusions of competence）。卡皮克表示，許多學生會「反覆閱讀筆記或課本（其實這樣做的學習效果很有限），但是很少人檢驗自己學到多少，也很少進行提取練習。」如果你的面前攤著一本書（或Google!），你會產生錯覺，誤以為書上那些

材料也存在你的腦中。但事實並非如此。由於看書比回想容易，許多學生因此陷在錯覺裡，一直用效果很差的方式讀書。

而這正是為什麼如果光想要把書讀好、也花了很多時間讀書，卻不保證你真的可以學到東西。正如著名心理學家兼記憶專家艾倫・貝德里（Alan Baddley）所說：「如果沒有良好的學習策略，光有學習意願也是枉然。」

你也許沒想過一件事：**劃重點的時候要小心**——否則不僅沒效果，甚至會產生誤導，手部的動作彷彿騙過你，讓你以為自己把劃了線的觀念已經放進腦中。當你在課本上劃重點時，請訓練自己先找到重點再劃線，而且線要盡量劃得好——每一段的敘述不要劃超過一句話。相對之下，先歸納出重要概念，再在紙頁空白處做筆記，則是很好的提示方法。

多多運用回想——在腦子裡提取重點——而不要被動地反覆閱讀，這可以讓你的學習更專注而有效。反覆閱讀課文，只在一個情況下有效果，那就是你每讀一次就要停下一段時間，之後再讀。這樣比較像是在進行間隔重複。

同樣的，做數理習題時，你要**設法靠自己做**。有些課本在書末提供了習題的解答，但你只可以用來檢查自己的答案。這是為了確保你把課程內容深植於腦中，將來你更容易提取。正是出於這個原因，許多老師在考試或出作業的時候，特別強調你得自己寫下解題步驟和推理過程。這種做法會迫使你把問題想清楚，檢查自己是否真的理解，也能讓閱卷者更明白你的思維，以便提供有用的評語。

別拖太久才進行回想練習，以免每一次複習都必須從零開始。**想辦法在學習當天就重溫課程內容**，尤其是新的、難度較高的內容。（這也是為什麼許多教授建議學生，上課聽講之後，盡可能在當天晚上把筆記再寫一遍。）這樣做能幫助你鞏固腦中剛剛形成的組塊、找出你的理解漏洞，而這些漏洞正是教授們最喜歡測驗的地方。當然，你得先知道漏洞在哪裡，才有可能著手填補漏洞。

奠定基礎後，你就可以拉長「維修性」複習之間的間隔，隔幾星期或幾個月再複習一次——最後你就會牢牢記住。（舉例來說，我二度造訪俄羅斯的時候，被一名無恥的計程車司機惹火了。我萬萬沒想到，二十五年來沒想過或用過的詞彙竟然在當下脫口而出——我甚至沒意識到自己知道那些詞彙！）

（稍後我們會探討幾個幫助學習的實用軟體與應用程式。先在這裡提一項：有些設計完善的電子學習卡軟體，例

讓知識成為你的第二天性

「單純的學生跟成熟的科學家或工程師之間的不同，就在於前者只是在課堂上聽懂觀念，後者則能把觀念運用在實際問題上。就我所知，若想跳躍這道鴻溝，唯一的方法就是不斷運用觀念，把它運用到像是你的第二天性，如此一來這項觀念才會變成你可以使用的工具。」

——湯瑪士．戴，電聲工程學教授，麥克納利史密斯音樂學院

如 Anki，內建了適當的複習間隔，能讓你以最有效率的節奏學習新的內容。）

你可以用下面這幅工作記憶圖示，思考這一類的學習與回想練習。前面提過，工作記憶大約有四格空間。

面對新觀念時，那些尚未在你腦中形成組塊的記憶零件，把整個工作記憶體都佔滿了，如圖左。隨著組塊逐漸成形，你會發現觀念可以更快更順利地在腦中產生連結，如圖中。一旦完成組塊，這項觀念只會佔用工作記憶的一個空間，如圖右所示。同時，觀念變成一條像絲帶一般滑順的思緒，你很容易理解它，並且建立新的連結。這時，就騰出了工作記憶的空間。某種意義上，組塊增加了工作記憶的資訊容量，彷彿工作記憶的空格是一個超連結鏈，可以連上某個龐大的網頁。

剛開始學習解決新的問題時，你整個工作記憶都得投入其中，就像前頁左邊的圖案所示，工作記憶的四個空間糾結纏繞成一團。等你逐漸熟悉了正在學習的觀念或方法，並且把它封裝成一個組塊，這時思緒就會變成一條滑順的緞帶，如前頁圖右。組塊有了長期記憶的支援，就騰出工作記憶空間，供其他資訊使用。你可以隨時從長期記憶拉出那條緞帶（組塊）放入工作記憶，然後順著緞帶順利地建立新的連結。

現在，你該明白了：為什麼自己動手練習解題是那麼重要。如果你解題的時候只是看著答案，然後心想：「噢，對啊，我知道他們為什麼那麼做。」那麼你絕對沒有學進腦子裡——你根本沒下工夫把觀念編進深層的神經迴路中。光靠瀏覽答案而以為自己懂了，是學習時最常見的能力錯覺。

◆換你試試看

能力錯覺是什麼

「重組字謎」（anagram）是一種遊戲，把一個英文詞彙的字母拆開，重新排列，拼出另一個詞彙。例如下面這個短句：「Me, radium ace.」你能否把字母拆開重組，拼出一位知名物理學家的姓氏？（註四）你也許得花點腦筋喔。不過，若是現在就把答案攤在你眼前，你會產生一種「頓悟」感，誤以為自己是解重組字謎的高手。

同樣的，學生經常重複閱讀課本的內容，就以為自己學會了。這時他們就是產生了「能力錯覺」，因為答案原本就在那裡。

請你從筆記或課本挑出一個數學或科學觀念，讀一遍，然後轉過頭去不看課本，試著在腦中回想那個觀念，設法理解你所回想到的內容。接著回頭讀一遍書本，再試一次。如此這般進行。

到最後，你會驚訝於這種練習對觀念理解的幫助是多麼大。

如果你想透澈理解所學，然後考出好成績或者進行創意思考，首先你必須牢牢記住學到的東西（註五）。人類靠著這種用別出心裁的方法來連結組塊的能力，出現了許多偉大發明。史蒂文．強生（Steven Johnson）在他的大作《創意從何而來》（*Where Good Ideas Come From*）書中說明一種叫做「緩慢的靈感」（slow hunch）的過程，經年累月沉浸在專注和發散思維過程中，最後迸發出各種劃時代的突破性思維，從達爾文進化論到全球資訊網。如何醞釀緩慢靈感？關鍵是讓心智多方接觸某個概念的各個面向，讓某些面向短暫且隨意地跟其他面向結合，終而孕育出美好的發明。這本書指出，譬如比爾．蓋茲等等企業領袖，他們會特意撥出一星期的時間什麼都不做，只是閱讀，讓腦子在這段時間內密集接觸各式各樣的想法。然後他們在各種點子之間製造連結，藉此培養創新思考能力。（順帶一提：創造力豐富的科學家跟技術能力很強但是缺乏想像力的人之間，最大的差異就在於是否具有廣泛的興趣。）你腦中的組塊資料庫越大，你解決問題的能力就越強。而你建立組塊的經驗越是豐富，所建構出的組塊就越龐大——記憶緞帶會越來越長。

你也許覺得，你正在學的數理科目的每一章都有好多題目和觀念，根本不可能全部做完！這時就要提到「機緣法則」(Law of Serendipity)了：幸運女神會眷顧付出努力的人（註六）。你只要專注練習你正在學的部分就好。你會發現，一旦把第一個題目或觀念（不論是什麼）放進組塊資料庫裡，之後想要放進第二、第三個就會越來越容易。這過程不是一蹴可幾的，但是確實會漸入佳境。

當你在建立組塊資料庫的時候，不僅是在訓練大腦辨認某一道特定的題目，還訓練它辨認各種不同的題型，好讓你以後可以自動找出解題方法，快速解決面前的題目。你會開始發現一些有助於簡化問題的方法，也會發現各種解題技巧潛伏在記憶的前緣。到了期中考或期末考前，你就可以輕輕鬆鬆複習，重溫關於這些技巧的記憶。

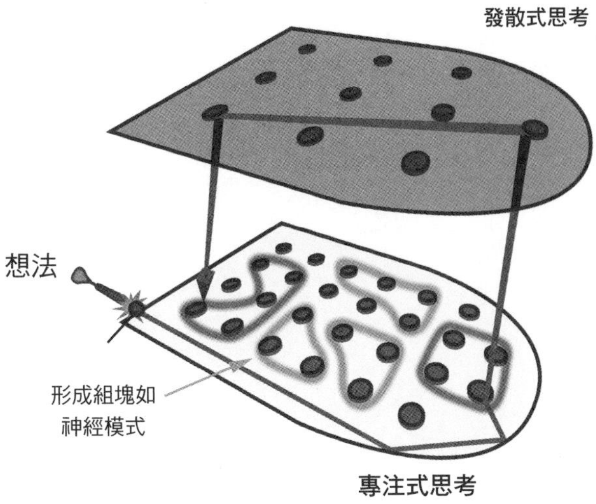

如果你腦中有了一個涵蓋許多已被理解吸收的觀念和習題解答的組塊資料庫，你就可以輕鬆聆聽發散模式對你耳語，找到正確解答。發散模式還能幫助你用新的方式將兩個以上的組塊連結起來，解決不尋常的問題。

解決問題有兩種方式，第一種是循序漸進的邏輯推理，第二種則透過整體性的直覺。進行第一種方式時，你按照步驟朝解答邁進，這時你大腦採用了專注模式。另一方面，第二種的直覺方式，則有賴具創造力的發散模式，將許多看似南轅北轍的專注思維串連起來。

最困難的題目要靠直覺解決，因為直覺往往能跳脫你所熟悉的範疇。但是請記住，發散模式建立連結的方式有時很隨興，所以你必須再轉用專注模式來檢驗來自發散模式的答案。直觀的答案未必正確！

◆換你試試看

搞不懂的時候怎麼辦

如果你無法理解某堂課上老師教的方法，請你先停下來，往前回溯。上網查資料，看看最先發現這種方法的人是誰？又是誰最早運用這種方法？想辦法理解當初的發明者是如何得到這個點子的，而人們又為什麼要運用這個點子——想一想這些問題，你通常可以找到簡單的說明，讓你大略知道學校為什麼要教這套方法，而你為什麼需要運用它。

多練習，才記得牢

前面說過，光是理解了，還不足以形成組塊。請看下一頁的「大腦」圖示說明。圖示上的組塊（也就是迴圈），只是你約略產生理解之後出現的一道比較長的記憶痕跡。（其實，組塊也就是比較複雜的記憶痕跡。）最上面的組塊色澤很模糊。這樣的組塊，是在你理解了一個觀念或題目而且只練習一兩次之後出現的。中間的組塊，顏色較明顯；那是你多練習了幾次，並且在更多脈絡之下使用組塊之後形成的較為堅固的神經迴路。最下面的組塊顏色最深，這時你已經將一個穩固的組塊深植於長期記憶了。

在此多說一點：稍微形成組塊，就立刻在當天強化剛成形的學習迴圈，這是很要緊的。沒有被強化、鞏固的記憶痕跡，很快就會消失。（我們稍後會談間隔重複對於學習的重要性。）不過，假使你用了錯誤的方法反覆練習同一道題目，也可能因此鞏固了「錯誤」的做法。因此回頭檢查是很重要的。如果做法錯誤，就算得到正確答案，也可能產生誤導。

反覆練習正是建立堅固組塊的基礎，可是，反覆練習有時候實在很無聊。萬一是被壞老師拿去當作手段（例如我以前的數學老師），反覆練習說不定會變成酷刑。然而，儘管偶爾被誤用，反覆練習還

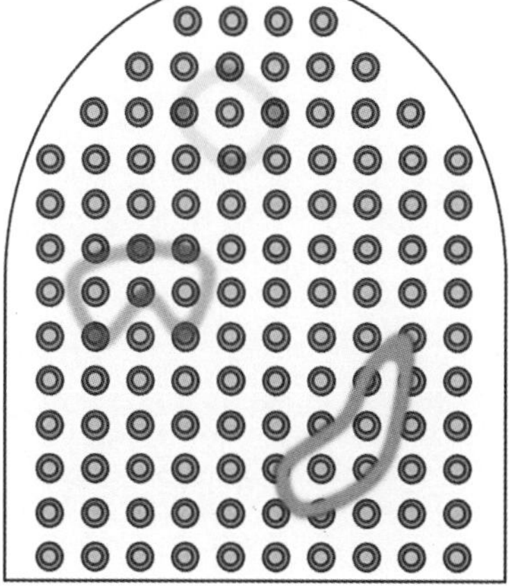

回答數理問題就像彈鋼琴。你練習次數越多，
你腦中的神經迴路就越是牢固，越深刻、強大。

是很重要的。大家都知道，唯有反覆練習，你才可能學習西洋棋、語言、音樂、舞蹈等等任何值得學習的事物，唯有反覆練習才可能學好。只要是好老師都可以告訴你為什麼需要費力氣去反覆練習。

如果想要嫻熟掌握學習內容，由下而上和由上而下這兩種建立組塊的方法都很重要。人人都喜歡創意，也都喜歡提綱挈領的學習方式。不過，若是沒有適度的反覆練習來幫助你建立組塊、奠定基礎，你不可能學好數學和自然科學。

重要科學雜誌《科學》（*Science*）刊載過一篇研究報告，為上述說法提供了有力證據。一群學生研讀自然科學的課本，然後盡力回想書中的內容，接著重讀一遍，並且再度回想（也就是說，試著追憶書中的重點）。

這樣做的結果如何呢？

學生花了同樣多的時間讀書，靠著簡單的溫

組塊的重要性

「數學是一門高度壓縮的學科：你也許好長一段時間絞盡腦汁，從各種方向來理解某一道程序或觀念，並且按照步驟針對每一個方向都嘗試找解答。然而，一旦你豁然開朗、能在腦中看到問題的全貌，這時通常就能把它壓縮得很小，存放起來，等你下次需要的時候快速且完整地喚起記憶，而且只要一個步驟就能套用到其他思考過程。這種經過濃縮之後的精華，正是數學令人著迷的原因之一。」

——威廉・瑟斯頓（William Thurston），菲爾茲獎（數學領域的頂尖獎項）得主習和回想課文重點，卻比其他方法學得更多、理解更深，效果遠勝過反覆閱讀課本，或者畫出照理說有助於融會學習內容的概念圖（concept map）。不論透過正式考試，或者經由學生非正式地自我檢驗，在在顯示：反覆回想練習是比較好的學習方式。

這項研究進一步證實我們曾經點到的觀念。我們在提取腦中的知識時，不是死板板的機器人——這個提取記憶的過程本身就可以促進深度學習，逐步形成組塊。更讓研究人員吃驚的是，學生在進行研究之前原本認為簡單的閱讀和回想並不是最好的學習方式；他們認為概念圖（透過圖示表現出概念之間的關係）會最有效。但是，如果你還沒將基本的組塊植入腦中，光是設法把概念之間的關係連結起來，這樣是徒勞無益的。那就好像你連每一枚棋子的走法規則都還不知道，就想學高深的西洋棋策略（註七）。

把數理題目和觀念放入各種不同的情境中多多練習，有助於建立組塊，也就是形成深刻、脈絡豐富而且堅固的神經模式。事實上，學習任何一種新的技巧或學問，你都需要在不同脈絡之下進行豐富而多樣的練習。這可以幫助你建立必要的神經模式，讓你能把新的技能融入思考中。

睡前禱告文

「我誤打誤撞用了這本書裡講到的許多學習技巧。我大學的時候選修了物理化學，對這門課深深著迷，養成了要做完書裡每一道題目的習慣。我的大腦就這樣慢慢練出解題的本事。到了學期末，我一看到題目，差不多就知道如何解。我特別推薦理科學生採用這套策略，而這方法對非理工科系的學生也適用。我叮嚀他們要天天讀書，但不需要讀很久，只要讓課程內容維持記憶猶新就好。就拿雙語能力的例子來說明。我去法國工作，到法國之後過了好幾天我的法文才開始說得順，但在那之後就沒問題了。等我回到美國，頭幾天，要是有人問我問題，我還得搜尋腦子裡的英語詞彙哩！如果你每天練習，資料就在那裡——不需要搜尋就能脫口而出。」

——羅伯特．賈瑪希（Robert Gamache），麻州大學洛威爾分校副事務長
負責教務、學生事務及國際事務

跳脫平常的讀書環境

每當你無法理解某個重要觀念時，不妨起來舒展一下筋骨。許多突破性的科學創新都是在人們外出散步路上發現的。

除此之外，若你跳脫平常的讀書環境，去其他地方設法回想課程內容，這有助於你換個角度思索，加強你對題材的理解。有些學生考試的時候，會因為考場看起來跟平常的讀書環境不同，而得不到潛意識提供的線索。如果你訓練自己在各種不同環境回想課程內容，你就不會受限於特定的環境線索，這樣可以避免考場跟讀書環境不同所造成的困擾。

消化吸收數理觀念，可能比背一串外語詞彙或吉他和弦來得容易一些。畢竟數理題目可以跟你交談，告訴你接下來需要做什麼。就這個角度來看，解答數理題目就像跳舞，你可以感覺肢體在暗示你接下來要做什麼動作。

不同型態的題目需要不同長度的複習時間，至於時間多長，取決於你自己的學習速度與風格（註八）。你當然在學習之外還有生活要照顧上。因此你必須排定優先順序，視情況安排學習時間，還要記得休息，好讓發

梳理內容、建立組塊——享受成功

「面對學習遇到困難的學生，我做的第一件事是請他們把課堂聽講或讀課本之後所寫的筆記給我看。第一次跟他們會談，我們通常花很多時間討論可以用哪些方法整理資料、建立組塊，而不是跟他們解釋課程觀念。我要他們過一個禮拜之後再帶著整理好的資料過來，而他們總是很驚訝發現自己學到了很多。」

——傑生・德盛特博士（Jason Dechant），匹茲堡大學護理學院，課程促進與健康推廣室主任

散模式發揮作用。一次學習可以一口氣吸收多少知識？很難說——每個人不同。不過，若能將數理解題能力內化成本能，最棒的就是你會越做越容易，越做越有效。

交錯練習與過度學習

想要成為公式達人，還有一個訣竅，就是「交錯練習」（interleaving）。交錯練習是指練習的時候揉合不同類型的題目，用不同的策略解題。

當你在學習一種新的解題技巧（不論是老師在課堂上教的還是你從書本上學來的），你往往會在同一段時間內反覆練習。在充分掌握新知之後還繼續練習，這種情況叫做「過度學習」（overlearning）。過度學習是有其必要性的——打網球的人想要發出一記好球，彈琴的人想要彈奏一曲完美的鋼琴協奏曲，就

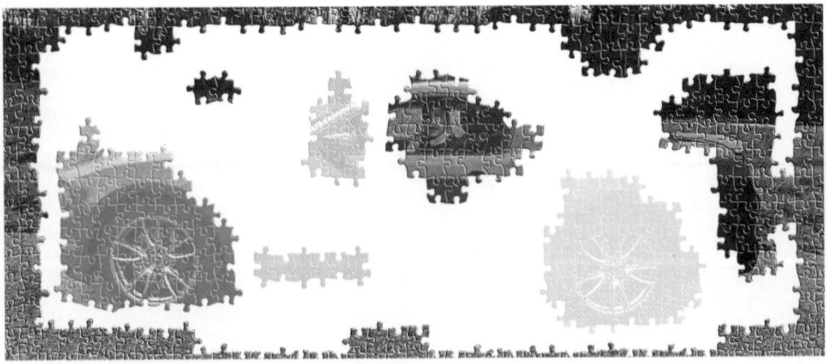

組塊正在逐漸成形之際，如果你不多加練習，你會越來越難拼湊出全貌——因為每一個零件都太模糊。

有賴過度學習來建立本能反應。不過，學習數理時，要小心別在同一個時段內過度學習——研究顯示這有可能浪費寶貴的學習時間。（若是隔一段時間再回頭複習，並且回頭練習時還揉合了其他內容，就沒有這個問題。）

總而言之，一旦你掌握了基本概念，那麼若你繼續在同一個時段內埋首練習，不見得能強化你希望能鞏固的長期記憶。專注於單一技巧，有點像是木工學徒光顧著練習使用鐵槌，使用一陣子之後，你以為光靠敲敲打打就可以修補一切（註九）。

事實上，透徹理解新的學習內容，意思是指你學會了根據題目型態來挑選恰當的解題方法。而這樣的本事，唯有透過多練習各種題目、使用各種不同的解題技巧，才有可能獲得。讀書的時候，一旦學會了某種解題技巧的基本概念（就像裝上輔助輪學習騎車），就得開始交錯練習各種不同類型的題目。這不容易做到，因為書本的編排方式往往是在一個章節裡專門探討某一種特定技巧。當你讀了這個章節，你就知道了要用什麼技巧對付這一章的題目。讀書時，請盡量做交錯練習。不妨先做每一章結尾提供的綜合練習，或者自己練習去指出某些題目為什麼要用做法A來解題，而不是用做法B。大腦要習慣一個觀念：光是知道如何使用某種解題技巧是不夠的——你還得知道什麼時候使用它。

你不妨製作索引卡，在卡片的一面寫上問題，在另一面則再寫一次題目，並且寫上解題步驟。如此一來，你可以輕鬆變換卡片順序，隨機抽考你必須記住的各種解題技巧。第一次複習卡片時，你可以坐在書桌前，拿一張白紙，看看自己在不看卡片背面解答的情況下能寫出多少題。等到熟練之後，你就可以隨時隨地複習卡片——甚至是出門散步的時候。把題目當作回想解題步驟的提示，必要時把卡片翻過來看解答，確認自己是否正確，這種做法可以強化新的組塊。還有另一種訣竅：你可以任意翻開書頁，挑題目練習，蓋住書上的說明，只留下題目的部分。

一開始最好以手寫的方式寫下問題解答、圖表或概念；研究證據顯示，手寫比打字更有助於記憶。此外，遇到Σ或Ω之類的符號時，手寫往往比打字容易（除非你已經背下這些符號的快速輸入鍵。）（註十）你可以在手寫下來之後，把問題和你手寫的解答拍照或掃描，上傳到智慧型手機或電腦上的電子學習卡軟體。請小心一種常見的能力錯覺：如果你持續練習你已經知道的技巧，由於做起來變得很簡單，而且解出答案的感覺很好，就因此以為你學得很好。交叉練習不同內容的題目——好比說，考前複習時跳著做不同章節的題目——有時候會使得學起來比較費力，但是這種做法才能幫助你學得更深。

多多交錯，不要過度

南佛羅里達大學心理學家道格・洛爾（Doug Rohrer），曾針對數理方面的過度學習與交錯練習做了大量研究。他在寫給我的信上曾經指出：

「許多人以為『過度學習』指的是已經徹底理解內容以後仍然繼續研讀或練習。然而在研究文獻中所講的過度學習，指的是學生已經達到某個標竿了，仍然『緊接著』研讀或練習同樣的內容。例如學生答對了某一道數學題目，立刻又接著重複做幾題類似的題目。雖然說多練習同樣題型比起疏於練習往往能幫助學生在緊接的考試中獲取高分，但是接連做太多同一類型的題目，學習的效果會逐步遞減。

「在課堂上或是其他地方，學生都應該讓學習或練習的時間發揮最大效果——應該以最有效益的方式運用時間。該怎麼做呢？許多科學文獻的答案都一樣：比起長時間研讀或練習同一種技巧或觀念而導致過度學習，更好的做法是切分出幾個比較短的練習時段，把力氣分散開來。這並不是說長時間讀書必定是壞事，只要學生不投入過多時間鑽研同一個技巧或觀念，長時間讀書其實無妨。學生一旦理解了『X』，就該去讀別的東西，改天再回來複習『X』。」

避免照抄

「學生做功課的時候，往往接連做十道一模一樣的題目。他們做完第二道或第三道題目之後就不動腦筋了，只是不假思索抄襲前一道題目的做法。所以我規定他們，譬如說做了第九章第四節的題目之後，回頭練習第三節的幾個題目，然後再回到第四節做一兩題，之後又跳到第一節，練習一道題目。這樣做可以幫助他們轉換心智的軌道，就像考試的時候需要調整思索角度一樣。

「我還認為有太多學生做功課時只是在敷衍。他們做完一道題目，檢查課本後面提供的解答，然後微微一笑，接著就解決下一道題目。我會建議他們，在微笑之後插入一個步驟——問自己：如果考試的時候，這道題目混在眾多題目裡頭，而我不知道它出自哪一章哪一節，這時怎麼知道要用那個章節提供的方式解題？學生應該用準備考試的心態做功課，而不是把功課當成一件交差了事的任務。」

——麥克．羅森泰（Mike Rosenthal），佛羅里達國際大學資深數學講師

本章重點整理

- 多練習，有助於建立大腦的堅固的神經模式——也就是概念組塊。
- 多練習，有助於養成順暢且活躍的思考，這是考試時不可或缺的能力。
- 建立組塊的最佳方式是：
  - 集中注意力

- 理解基本觀念
- 透過練習，掌握組塊的前後脈絡

• 回想——不看書本而回憶課文重點，是促進組塊形成的絕佳方法。

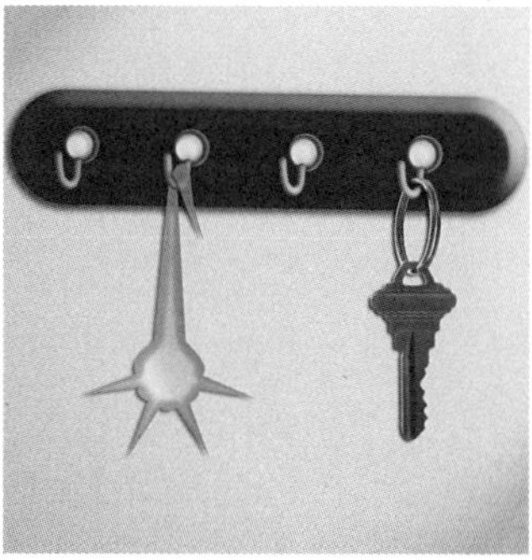

回想，有助於建立神經掛勾，好讓你把思緒掛在腦中。

停下來回想

下一次，請對你的親人、朋友或同學描述你正在讀的一本書、或正在上的一門課的精華與重點所在。「轉述」，有助於維持並散播你的學習熱忱，還可以釐清並鞏固你腦中的概念，讓你在幾星期或幾個月之後都還記憶清晰。若是你所學的內容非常深奧，請以簡單的方式說明給知識背景跟你不同的人聽，這會對你個人的理解產生驚人的效果。

加強學習

1. 記憶組塊跟記憶痕跡有什麼關係？
2. 找一個你熱愛的主題，請描述與這個主題有關的一個記憶組塊，你一開始很難理解它，現在卻覺得易如反掌。
3. 「由上而下」和「由下而上」的這兩種學習方向有什麼差異？其中一種是否一定比另一種更好呢？
4. 靠著「理解」是否就足以建立組塊？請說明可以或不可以的原因。
5. 你在學習時，最常產生的能力錯覺是什麼？你可以運用什麼策略，避免日後再度陷入這種錯覺？

克服腦部重創，學會在有限的時間裡學習

我出身貧寒，從小家庭生活多舛，勉強才從高中畢業。畢業後我決定入伍，以步兵階級派駐伊拉克。我們這一排兵，曾經十二度遭路邊炸彈襲擊，我搭乘的車輛就被炸過八次。

一次旅行途中，我巧遇了我的賢內助。認識了她，使我下定決心離開軍隊，成立自己的家庭。問題是，不當兵之後我不知道要做什麼。更慘的是，返鄉之後，我開始出現注意力不集中、缺乏認知能力、煩躁等等問題，有時候甚至連一句完整的話都說不出來。後來我看到報導才知道，從伊拉克和阿富汗返鄉的軍人，常常有外傷性腦損傷（TBI）的問題，但是沒有診斷出來。

我報名去上電腦與電機工程科技課程。一開始，我的腦部損傷問題嚴重到我連分數算式都搞不懂。

保羅·克魯奇科（Paul Kruchko）及其妻女；妻子和女兒是他扭轉生命的動力泉源。

過程確實痛苦，但是焉知非福：這個學習的過程使我的腦部產生變化。集中注意力確實很困難，但似乎能重新塑造我的心智，幫助大腦復原。這個過程好比在健身房運動，血液被灌入肌肉，使肌肉變強壯。一段時間之後，我的大腦復原了——我以優異成績畢業，並且找到工作，在民間機構擔任電子技師。

後來我決定繼續升學，取得工程學位。對工科學生來說，數學（尤其是微積分）的重要性遠遠超過對基層技師的訓練課程的重要性。這時，我小時候沒打好的數學基礎開始讓我嘗到苦果。

此時我已經結婚、剛當上父親，而且有一份全職工作。我面臨的挑戰不再只是基本的學習認知問題，而是時間管理。我每天只有短短幾個鐘頭的時間學習高深的進階觀念，而且學習的深度是我從未經歷過的。經過了幾次重挫（我的微分方程拿到了D——天哪！），我才學會用有策略的方式學習。

在新學期開始之前，我先去找教授拿課程大綱，在開學前兩、三個星期就開始讀課本。我努力比學校進度超前至少一整章，儘管到了學期中往往就撐不下去。學習的關鍵在於練習回答問題。我在學習過程中，逐漸發展出以下這套方法，幫助我圓滿完成課業。我的目標是擁有成功的事業能讓我養家活口——而這些學習訣竅幫助我實現願望。

如何在有限的時間裡學習：保羅的訣竅：

- **閱讀指定章節（先不解題），並且練習範例考題**。這個步驟能幫助大腦暖身，有助於學習新觀念。
- **複習課堂筆記（盡量不要蹺課）**。聽一小時的課勝過讀兩小時的書。如果扎扎實實上課、認真抄筆記，而不是瞪著手錶等著下課，會學得更有效率。隔天趁著記憶猶新，把筆記拿出來複習。花三十分鐘聽教授提問，比讀書三個鐘頭還管用。
- **溫習筆記上的例題**。去做沒有解答的題目來解題是沒什麼幫助的——不論是講師給的還是課本裡的題目。例題附有詳盡解答，必要時可以參考。溫習，有助於鞏固組塊。讀書時可以用不同顏色的筆，藍、綠、紅，而不是只用黑筆。這樣可以幫助我專心看筆記、一眼就看出重點，而不是看著一堆混雜所有觀念的難解數學語句。
- **做指定作業，並且練習考試題目**。這樣可以在大腦建立用來解決特定題型的「肌肉記憶」組塊。

[Part. 2]

如何不再拖延

{第5章}

習慣的毒性與助力

砒霜是流行了好幾世紀的殺人利器。灑一點點砒霜在你的早餐吐司上讓你吃下，你一天之內就會痛苦斃命。所以你可以想像，一八七五年，在德國藝術與科學學會第四十八屆會議上，兩名男子坐在觀眾面前開開心心吞下雙倍於致命份量的砒霜時，在場人士是多麼震驚。隔天，這兩名男子回到會議上，笑容滿面，活蹦亂跳。經過尿液分析，證明他們沒耍詐，這兩名男子確實吃進了毒藥。

怎麼可能吞下如此劇毒而還存活下來——甚至看起來是健康的？

這個問題的答案跟「拖延」這件事有一種詭異的關係。若我們稍微理解「拖延」的心理層面，就像理解毒藥的化學作用，將可以幫助我們發展有益的預防措施。

在這一章和下一章裡，我將傳授一套專給懶人使用的對抗拖延法。你會看見你心裡的「殭屍」——那是大腦在面對特定提示而產生的慣性反應。這些殭屍般的反應，往往是為了讓「此時此地」變得更好。你也會發現，你可以誘導殭屍幫助你在「必要時候」抵禦拖拉的毛病（拖延不盡然是壞事）。然後我們會在第七章提供方法來強化組塊技巧，最後再提供對付拖延的訣竅、技巧和有用的科技工具，為拖延這個課題收尾。

首先講最重要的一點：拖延是很容易陷入的毛病，但意志力很難貫徹，因為意志力得耗用許多神經資源。這表示，你在對抗拖延的時候，最不該做的就是把意志力當成廉價的空氣清淨劑，東噴一點西灑一點。非到必要時刻，不要把意志力浪費來對付拖拉的毛病！（你將會發現，你根本不需要這麼做！）

毒藥，殭屍。還有更精采的嗎？

當然有嘍——還有實驗！哇哈——有什麼比實驗更好玩的？

拖延與不快

想像一下：你參加了生平的第一場馬拉松比賽，而你等到開賽前的半夜才進行第一次練習，你的小腿肌肉會如何哀號。同樣的，在數理競賽上，你也不能等到最後一刻才囫圇吞棗。

對多數人而言，學習數理仰賴兩件事：一是鋪設神經「磚頭」所需的短暫讀書時段，二是等候心智灰泥固化的間隔時間。拖延，本來就是眾多學子都會遇到的惱人問題，而拖延問題對於數理學生來說尤其需要克服（註一）。

面對我們覺得不舒服的事，我們就會使出拖字訣。

分心與拖延

「拖延是我們這一世代最嚴重的問題。好多東西都可以害我們分心。我總會想：『等我看完臉書、推特、Tumblr和電子郵件之後，我就去做功課。』然後不知不覺我起碼就浪費了一個小時。就算我終於開始做功課了，我還是會繼續開著這些讓我分心的網站。

「我需要找個方法，讓我能專心讀書寫功課。我想，這跟環境和時間很有關係。我不該把所有事情都拖到最後一刻。」

——微積分學生

醫療影像研究證實，恐懼數學的人會逃避數學，光提起數學似乎就覺得痛苦；這些人一想到做數學，腦部的疼痛中樞就會亮起來。

但是，在此要提一件重要事實：令人痛苦的是你對事情的期待（而不是那件事本身）。恐懼數學的人一旦開始做數學，痛苦就消失了。專門研究如何對抗拖延問題的專家麗塔・艾米特（Rita Emmett）解釋：「為了必須做某件事情而憂慮，比實際去做那件事本身更耗費時間與精力。」

逃避令人痛苦的事是人之常情。然而很遺憾的，如果你養成逃避的習慣，長期下來後果非常嚴重。你遲遲不肯打開數學課本，練習數學的念頭就越會令你痛苦。你拖著不去準備學測或高考，等到大考當天，你就會由於欠缺穩固的認知基礎、對內容不夠熟悉而不知所措。而你拿獎學金的機會也跟著泡湯。

你說不定很適合朝數理的專業生涯發展，但是你放棄了，反而選擇另一條路。你告訴別人你無法應付數學，然而事實上你只是被拖延的毛病擊潰了你的潛力。

拖延，是所有壞習慣當中最為重大的「骨架」。這個壞習慣波及生活裡的許多重要層面。改掉拖延這個惡習，將會出現一連串正向改變。

還有另一項極其重要的事實：**人們很容易討厭自己不擅長的事；但是若你把那件事越做越好，你就越能樂在其中。**

大腦如何拖延

嗶嗶嗶……星期六上午十點鐘，鬧鐘把你從酣睡中喚醒。一個鐘頭後，你終於爬起床，端著一杯飲料，坐在書本和電腦前。你打算用功一整天，做完星期一要交的數學作業，接著再寫歷史報告，然後讀化學課本那一節讓人頭昏腦脹的內容。

你望著數學課本，隱隱感到刺痛。想到那些莫名其妙的圖表和一堆奇怪的術語，腦中的疼痛中樞倏地發亮。你現在實在不想做數學功課。可是依照你的計畫，接下來幾個小時都得拿來研究數學。想到這裡，你更不想翻開書本了。

你把注意力從課本轉向電腦。嗯，這還差不多。你在這裡不覺得痛苦。點開網頁，檢查訊息，你感受到了一絲喜悅。哈哈，小傑傳來的照片好好笑……

兩個小時後，你數學作業一題都還沒開始做。

這是拖延症的典型模式。你計畫做一件你不太想做的事，大腦的疼痛中樞便亮了起來。於是你轉移注意力，聚焦在比較開心的事。這讓你覺得好過一點——起碼暫時好過一點。

拖延就像上癮症頭，它帶給你短暫的刺激，讓你跳脫乏味的現實。你很容易自欺欺人，認為你應該要善用時間，而上網找資料的效益勝過讀書寫作業。你開始哄騙自己：有機化學那門課需要空間推理能力——這正好是你的弱項，所以你當然學不好嘛。你編織看似合理的荒謬藉口：離考試還那麼久，如果太早讀書，到時候會忘光啦。（你順便也忘了其他科目也在前後兩天考試，根本不可能同時準備各科的內容。）直到學期進入尾聲，你拚命啃書準備期末考，這時你才明白，你之所以沒把有機化學學好，是因為你一拖再拖。

研究人員發現，拖延的問題除了影響學習，居然也成了學生引以自豪的理由。「我做完實驗報告和行銷訪問後，昨天半夜才開始啃書。我當然可以做得更好，但是我快忙死了，你要我怎麼辦？」即便學生很用功，偶爾也會謊稱自己臨時抱佛腳：「我昨天晚上終於勉強自己開始準備期中考。」這樣說會讓他們看起來又酷又聰明。

我們一不小心就會陷入拖延的毛病。你接收到拖延的提示，不假思索，墜入輕鬆愉快的拖延反應。你那殭屍般的慣性反應雖然能讓你得到短暫快樂，但是長此以往，它會削弱你的自信，讓你越來越沒有動力學習如何有效工作。拖延成性的人承受較大的壓力、健康狀況較差、學習成績較低落。長期來說，這項壞習慣會變得根深柢固，似乎不可能破除。

有時候，你熬夜讀書之後拿到了好成績；你甚至因此得到些許快感。這跟賭博一樣，小小的勝利轉成報酬，誘使你繼續碰運氣，再次拖延。你甚至會對自己說，拖延是你的天性，就跟身高髮色一樣是你的特色。況且，假如拖延的毛病那麼容易解決，你不是早該解決了嗎？

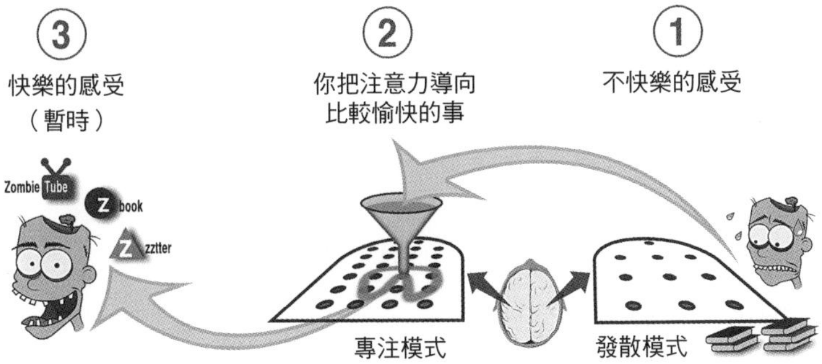

然而，隨著數理學到進階之後，能否控制拖延的問題，就更為重要了。早些年沒有造成大礙的習慣，很可能回頭反咬你一口。接下來這幾章要告訴你，如何成為習慣的主人。你應該為自己做決定，而不是讓你那些好心但不動腦筋的習慣殭屍替你作主。你會發現，對抗拖延的策略其實很簡單，只是看起來並不是那麼理所當然。

回頭說說本章開頭的故事。吞砒霜的男子，一開始只吞服微量的砒霜。吃下低劑量的砒霜似乎無損健康，你甚至會開始對砒霜的毒性產生免疫力。這讓你能吞下大量砒霜還繼續活蹦亂跳，然而砒霜的毒性就會提高你的罹癌風險，並且逐漸毀壞你的器官。

同樣的，凡事拖拉的人，一次只不過拖延了一件小事。但他們一次又一次拖延，逐漸養成了習慣。他們甚至可能看來很健康，但是長期下來呢？

結果恐怕不妙。

拖延是可以改變的

「我以前很會拖拖拉拉，但是現在我改變了。我高中時修了一門大學先修課，老師規定每天晚上要做四到六個鐘頭的美國史作業。我學會一次完成一項功課，各個擊破，小小的成就感可以鼓舞我繼續往前，跟上進度。」

——寶拉．米爾斯切特（Paula Meerschaert），大一新鮮人，主修創意寫作

積沙可以成塔

「一名學生抱怨考試成績不及格，說他考前一天讀書讀了整整十個鐘頭，我回答：『那就是害你考不及格的原因。』學生露出難以置信的表情。我說：『你平時就該一點一點準備。』」

——理查．納德爾（Richard Nadel），佛羅里達國際大學資深數學講師

本章重點整理

- 面對使我們不舒服的事，我們就會拖延。但是長遠來看，帶來短暫快樂的事不見得對我們有益。
- 拖延，相當於吞下微量的毒藥。當下也許不痛不癢，但是長期下來恐怕會造成嚴重傷害。

停下來回想

我們在第四章學到，跳脫原本的學習環境到另一個地方回想學習內容，可以幫助你不受制於環境條件。以後，你會發現自己不論在哪裡都能思考——這能力對於考試來說很重要。

現在請你試著回想：這一章的主要概念是什麼？你可以從現在坐著的地方回想。接下來，請試著到另一個房間進行回想（跑到戶外更好）。

加強學習

1. 拖延的習慣曾經對你造成影響嗎？如果有，是怎樣的影響？
2. 你聽過別人用什麼說詞解釋他們為什麼拖延？你能否看出這些說詞的漏洞？你自己對拖延的解釋又有什麼漏洞？
3. 有哪些行動可以讓你在不必高度仰賴意志力的情況下，克制拖延的習慣？請明確地列出來。

積極尋求忠告！

工科教育界領袖諾曼．富騰貝利（Norman Fortenberry）的卓見

我大一就立定志向要當一名工程師，於是我選修了微積分及應用學（Calculus with Applications），而不是大多數同學選的普通微積分。這是個錯誤。選修這門課的許多同學高中時期就學過微積分，他們是來進一步拓展知識的。也就是說，我處於競爭劣勢。

更爲關鍵的是，由於選修這門微積分課的學生人數很少，因此我找不到幾個學伴。大學和高中不同，在大學裡單打獨鬥沒什麼好處（甚至有壞處）。尤其在工科的領域，團隊合作是很重要的職能特性。工學院教授往往假設學生會結伴討論，於是依此設計作業。我有驚無險拿到了B，勉強過關，但總覺得我對微積分的基本觀念理解不足，基礎不扎實。接下來的課程，我私下花很多時間讀書，勉強跟上微積分的進度。但那耗用了我原本可以投入其他領域的時間。

我很幸運能畢業，拿到機械工程的大學文憑，得到同學與導師的鼓舞和指導，繼續進入研究所進修，取得機械工程博士學位。我說這段經歷的重點是，你選課的時候，請向同學和老師尋求建議。聆聽眾人的意見會對你有好處。

{第6章}

殭屍無所不在

在《習慣的力量》（*The Power of Habit*，中文版譯名為《為什麼我們這樣生活，那樣工作？》）這本啟迪人心的書中，作者查爾斯．杜西格（Charles Duhigg）講了一個迷途靈魂的故事：一名中年女性麗莎．艾倫長期跟體重抗戰。她十六歲開始抽菸喝酒，丈夫外遇離開了她。麗莎從來沒辦法在一份工作撐過一年，終至債台高築。

後來，麗莎用四年時間讓生命徹底改觀。她甩掉六十磅，即將取得碩士學位，戒了菸，也戒了酒，體能好到可以去跑馬拉松。

若想了解麗莎是如何脫胎換骨的，我們需要認識「習慣」是怎麼一回事。

習慣有好有壞。說穿了，「習慣」就是大腦啟動了設定好的「殭屍」模式時出現的東西。如果告訴你，腦中的記憶組塊（也就是那些經過反覆練習而產生自動連結的神經模式）是跟習慣密切相關的，你應該不會驚訝吧。習慣是一種節能裝置，可以讓我們騰出心智空間進行其他活動。比如從車庫倒車出去這件事，你第一次要倒車出去的時候，神經緊繃，全神貫注，腦中洶湧波動的訊息使得這項任務彷彿難如登天。但是你很快學會了把許多訊息組成組塊，不多久你只要跟自己說聲「出發」，便順利把車子開出車庫。你的大腦進入了某種殭屍模式，很多事情都在無意識中進行。

你進入這種慣性殭屍模式的時刻比你自己知道的多很多。這正是習慣的特色——所謂習慣成自然，你在做慣性動作的時候，大腦不必專注思考，因此省下了力氣。

慣性行為可長可短；它可以是幾秒鐘時間的動作，譬如你心不在焉對旁人微笑，或者瞄一眼指甲看是否乾淨。它也可以歷時很久，好比說下班後去跑步，或者看幾個鐘頭的電視。

習慣四部曲

習慣有以下四大特性：

1. 提示：這是觸發「殭屍模式」的導火線。任何小事都可以是觸發習慣的提示，例如你看到了工作待辦清單上的第一項（這使你想到：該去做下星期的功課了！），或者看到朋友傳來的簡訊（這使你想到：打混的時間到了！）。提示本身無益也無害，真正要緊的是接下來的例行動作——我們接受了提示之後所引發的反應。

2. 例行動作：這也就是你的殭屍模式——大腦接收到提示之後，掉入的例行動作或慣性反應。殭屍反應可能有用，但也可能有害，它在最壞的情況下可以殺傷力十足，完全違反常理。

3. 獎賞：我們之所以養成習慣，是因為習慣會給予我們獎賞——那少許的快樂。拖延是很容易養成的習慣，因為它的獎賞——把意識轉向其他較愉快的事情——來得那麼即時。但是好習慣也會帶給我們報酬。找出方法來犒賞好的讀書習慣，正是對抗拖延的重要一環。

4. 信念：習慣的威力，來自於你對它們的信念。好比說，你可能認定自己永遠沒辦法改掉拖到最後一刻才讀書的習慣。想要改掉習慣，你必須先改變你心中的信念。

> 「我發現，當我無法勉強自己著手做某件事，我不妨出門跑步或者活動身體。回來以後，投入工作往往變得容易許多。」
>
> ——凱薩琳．福克（Katherine Folk），工業與系統工程系大一學生

化殭屍為助力

在這一節，我們要具體說明如何駕馭習慣帶來的殭屍力量，幫助你抗拒拖延，而且盡量不必動用意志力。你不需要大刀闊斧改變，只需要修正一部分環節，並且培養幾個新的習慣。修正舊習慣的關鍵在於先找出施力點——也就是你對於提示的反應是什麼。唯一需要運用意志力的地方，就是用意志力去改變你對於提示所出現的反應。

為了說明清楚，我們回顧習慣的四部曲，重新分析。

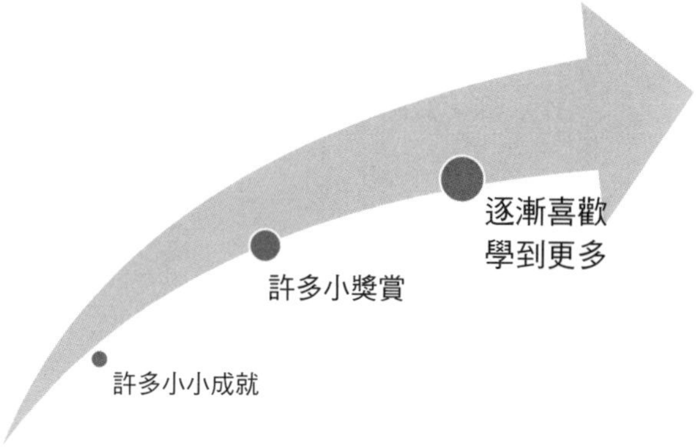

1. 提示：**揪出是哪些因素觸發了殭屍拖延模式**。

通常落在這幾個範圍：地點、時間、心情、對其他人或剛發生事件的反應。你上網要查資料，卻發現自己在網路世界裡閒逛。你試著專心，卻來了一封簡訊害你做起白日夢，得花十分鐘才能重新回到正軌。拖延的問題就在於它是個自然而然的習慣，你還沒察覺就已經開始拖延。

很多學生覺得，開發新的提示會很有用。例如一回家或一下課就先寫功課。著有《拖延方程式》（*The Procrastination Equation*）一書的拖延專家皮爾斯・史提爾（Piers Steel）指出：「照顧好你的作息，作息最終會妥善照顧你。」

若你設定了二十五分鐘要讀書寫功課，你可以關掉手機、遠離網路，擋住殺傷力最強的提示。保險精算系新鮮人郇絲拉・胡珊（Yusra Hasan）喜歡把手機和電腦交給姊姊「保管」，這種做法有加倍效果，因為這種「去除誘惑」的動作也就公開宣示了讀書的決心。只要你開口，家人和朋友都可以成為你的後盾。

2.例行動作：假設你該用功的時候不用功，心思老是飄到不那麼痛苦的事情上。大腦接到了提示，自動進入例行動作；所以這裡就是你的施力點了：**你必須積極修正你的舊習**。修正舊習要有計畫，你不妨發展一套新的儀式。有些學生試著養成習慣，在上課之前把手機留在某處不帶在身上，以免上課分心。許多學生發現在圖書館的安靜角落讀書很有好處，或者也可以回家後找個好時段窩在自己最喜歡的椅子上，切斷網路。一開始，計畫可能並不順利，但是請你要堅持下去。必要時可以略為調整計畫，並且好好品嘗計畫執行之後帶來的勝利感。別想一次就改變所有事。想要轉移你對提示的反應，有種工作方式很有效：番茄鐘工作法，也就是使用二十五分鐘計時器。

此外，著手進行特別困難的任務之前，最好先填肚子。這樣你才有力氣鼓起你需要的意志力投入工作，還能避免「先抓點東西來吃吧」這類讓心思逃跑的機會。

3.獎賞：這部分需要你費心研究。**你是為了什麼原因而拖延？**若能獲得情緒上的回報，這可以讓你不拖延嗎？好比說完成任務的成就感？即便只是一些些的自我滿足感？你能把事情變成一場跟自己的比賽或打賭，然後設法贏得勝利嗎？准許自己做完事情之後享受一杯拿鐵，或是瀏覽你最喜歡的網站？給自己放一天假，看一整晚愚蠢的電視節目，或是上網閒逛？如果有較大的成就，你會給自己更大的獎勵，例如看電影、買毛衣或者亂花錢？

請記得，習慣之所以力量強大，是因為它們會在腦中製造渴望。**如果你想戰勝原有的渴望，給自己獎品是不錯的方法**。大腦在期待新的獎勵的時候，會重新啟動連結的重大工程，進而培養新的習慣。

你尤其該知道一點：就算只是對自己說一聲「你好棒」的這種小小鼓勵，都能啟動大腦的改造工程。這種改造——有時候也叫「習得的勤奮」（learned industriousness）——可以讓你原本覺得枯燥乏味的苦差事變得有趣。你會發現，做事順手的感覺本身就是一種報酬；這感覺使你覺得自己很有效率，而那是你剛坐下來工作時沒有料到最後能獲得的感覺。許多人發現，設定時間進行獎勵，譬如中午休息一下，約朋友去餐廳吃飯，或者規定自己一到下

「我男友和我喜歡看電影。如果我在某一日期之前完成某項任務，他會陪我去看電影當作獎品。這不僅讓我更有動力讀書寫功課，也因為這樣做是強調了「提示、例行動作、獎賞」的循環，更幫助我培養出新的讀書習慣。」

——夏琳・布里森（Charlene Brisson），主修心理，副修護理

午五點就放下重要的工作，這對他們很有鞭策效果。

要是你沒辦法馬上進入「得心應手」的狀態，別難過。面對全新領域，我有時得勉強自己下好幾天苦工，來來回回使用好幾次番茄鐘工作法，最後才能豁然開朗，開始享受這個全新的領域。另外也請你記得：隨著你把事情做得越好，你會越做越開心。

4.信念：想要改變拖延的陋習，**最重要的一件事是相信你能夠改變**。你也許會發現，事情一變得棘手，你會渴望遁入比較舒服的老習慣。但，唯有相信新的做法會成功，才能支撐你突破難關。若要鞏固這項信念，你可以去結交一群態度相近的朋友。多接近積極進取的同學，感染他們積極正面的態度。跟態度相近的朋友互相鼓舞，可以幫助我們在脆弱的時刻還能回想起自己一個人時很容易就忘記的重要價值。

此外，「心理對比」（mental contrasting）是一種

一日的痛苦，激發出美好生活

「心理對比法太棒了！我從小就採用這套方法——這套方法可以運用在許多不同狀況，值得人們學習。

「有一年溽暑，我困在馬里蘭一家養雞場打工，好幾個月毫無出路。我那時下定決心一定要升學，拿到大學學位。我這就是採用了心理對比法。我相信，有時候，困頓艱難的一天可以讓人產生重大的覺悟。在那之後，遇到困頓時刻，你會更快找到出口。」

——麥克．歐瑞爾（Mike Orrel），電機系大三學生

很強大的方法。這種方法指的是，你把現在的生活跟夢想中的目標加以對照。譬如說你希望考進醫學院，就先想像自己是一名正在幫助別人的醫生，連休假的時候都奮勇救人；當你腦中出現令你振奮的畫面，請拿它跟現在的生活對比：你那破舊的老爺車、隨便拿泡麵充飢的晚餐、還不完的助學貸款……想想你夢想的目標：啊，希望就在前方！

心理對比法的效用正是來自現在（或過去）和夢想之間的對比。在工作環境或生活環境裡擺幾張能讓你時時記起夢想的照片，這樣有助於培養你的發散模式。要記得拿這些快樂

◆換你試試看

練習對抗殭屍

你早上起床一睜開眼睛，就要檢查電子信箱或臉書嗎？若是，請你設定計時器，改成一起床先工作十分鐘，之後用上網時間來犒賞自己。你會很驚訝，這樣小小的自制力練習竟可以讓你一整天都有力量對抗殭屍。

小警告：一開始採用這方法時，你腦中的殭屍會大聲咆哮，彷彿要啃掉你的大腦。別理它們！這項練習的重點之一就在於要學會漠視殭屍的老套說辭：「就這麼一次，沒關係的啦，現在去看看臉書吧。」

的畫面跟此刻你所處的（或者過去的）真實而枯燥的生活進行對比。要相信你可以改變現實！

專注於過程而非結果，慢慢進入狀況

如果你察覺自己逃避某些很煩的工作，不妨嘗試以下這個很棒的改造方法：把焦點放在過程上面，而不是結果。

「過程」指的是一段時間以及那段時間裡的習慣與行動，例如，「我要花二十分鐘投入工作」。而「結果」指的則是最後的成果，例如你必須完成的作業。

想要避免拖延，最好別把焦點放在結果上，你反而應該用心建立過程——也就是建立習慣，讓這個過程恰好能讓你完成非做不可的討厭工作。

舉例來說，假設你不喜歡做數學作業，總是能拖就拖。你心想：只不過五題而已，現在不做也沒什麼了不起。

然而內心深處你明白，解答五道題目可能是一項艱鉅任務。你比較喜歡住在幻想世界，在那裡，五道作業題目（以及其他二十五頁的報告之類的）都可以在最後一刻完成。

對此，你面對的挑戰就是如何避免把焦點放在結果上——要做完數學題目。專注於結果會引發痛苦，而痛苦則導致拖延。相反的，你應該把注意力放在過程上——也就是接下來幾天或幾星期，你為了完成作業或準備考試所需要投入的幾段短短的讀書時段。誰在乎你是不是一口氣就做完功課或是讀一次就理解重要觀念？重點是中間的過程——你可以在一段短時間裡平靜地盡全力去做這件事。

這裡的核心概念是：殭屍——也就是你腦中的慣性——很喜歡過程，因為殭屍可以不花腦筋就往下走。所以，你要召喚友善的殭屍在過程裡給你幫助，這其實比你請它給你結果來得容易。

「拿書籤（或便利貼）標出每天要讀的進度目標，是個很好的辦法。這讓你立即看得到進度——看得到終點線，你會更有幹勁！」

——佛洛斯特·紐曼（Forrest Newman），沙加緬度市立學院天文學及物理學教授

切成小塊比較好應付

「番茄鐘工作法」是一種可以幫助你在短時間內集中精神的技巧，在一九八〇年代由法蘭西斯柯・齊立羅（Francesco Cirillo）發明出來，由於他使用的是番茄形狀的計時器，由此得到名稱。使用番茄鐘工作法時，你以計時器設定二十五分鐘。（稍早，我們曾在第二章介紹了這個觀念。）一旦開始計時，你就不准上網、打電話、聊天，或者傳即時訊息。使用番茄鐘工作法的好處是，假如你在朋友或親人的身邊工作，你可以向他們介紹這套工作法，如此一來，假如他們打擾了你，你只需要說你「正在使用番茄鐘工作法」或者「正在計時」，就能不傷感情地請他們別煩你。

你也許反駁說，計時工作會讓人感到壓力。但是研究人員得到一個有趣而且有違直覺的發現：**如果你能在少許壓力之下學習，那麼以後你面對較大的壓力就可以應付自如**。舉例來說，研究人員翔恩・貝洛克（Sian Beilock）在她的著作《搞什麼，又凸槌了?!》（*Choke*）中描述，高爾夫球選手如果經常在大庭廣眾之下練習推桿，日後必須在觀眾面前進行比賽時比較不容易發慌。同樣的，如果你習慣在少許的時間壓力下處理事情，日後面對高壓的考試環境你也比較不容易失常。

許多例子都證明，從外科醫生到電腦工程師等各種領域的佼佼者，都刻意尋找會給他們壓力、不斷挑戰他們、鞭策他們的導師。

剛開始試用番茄鐘工作法時，你也許會很驚訝地察覺自己心裡不時湧上一股衝動，想偷瞄一眼跟工作無關的事物。同時你也會開心地發現，你很容易抓到自己走神，並且很快把注意力拉回工作上。二十五分鐘是那麼短暫，只要是成年人（或者快成年的人）都可以維持二十五分鐘的專注力。時間一到，你就可以放鬆，享受這個過程帶來的成就感。

著重於過程，可以避免拖延。最要緊的是你每天都花一點時間讀書，讓大腦進入狀況。把重點放在番茄鐘工作法（二十五分鐘的讀書時間），而不是一直想著要完成任務。好比說，請注意圖片中，物理學家兼衝浪小子蓋瑞特·里希（Garret Lisi）把注意力放在當下——而不是衝過浪頭的成功。

「在此分享一個很有用的訣竅：說做就做。這個建議聽起來沒什麼了不起，可是一旦有了好的開始，完成任務就會容易許多。我喜歡去圖書館的安靜樓層，因為在那裡可以見到許多跟我有同樣狀況的人。對我來說，視覺式的學習最有效。看到其他人在寫功課，我會比較容易跟著做。」——喬瑟夫．科因（Joseph Coyne），歷史系大三學生

你難免會受到干擾，因此你得訓練自己不要分心。關於對付拖延，我能給的最重要建議就是忽視那些會使你分心的事物！當然也要設法降低環境中的干擾。許多學生發現當他們試著專心的時候，找個安靜的地方，或者戴上隔絕噪音的耳機——或者兩者兼備——都很有幫助。

完成一次番茄鐘週期後，應該隔多久再做一次？這要視個別狀況而定。倘若你進行的事情還有好幾個星期才到期，你也許可以犒賞自己每一次休息時可以上網半個鐘頭。假使你的工作時間緊迫，許多事情有待完成，那麼給自己兩到五分鐘喘口氣就行了。你不妨有時使用番茄鐘，有時不使用任何計時器，兩種工作狀態交錯進行。假如你察覺自己進度落後、沒辦法專心工作，就拿出番茄鐘計時。

在番茄鐘之類的計時工作方法中，聚精會神的工作過程成了重點。你忘記自己在某個地方陷入瓶頸，因此可以進入自動運作的狀態，不在乎是否完成了任何事情。這種自動狀態

能讓你更容易連結到發散模式。由於你專注的是過程而不是結果，你也就不會隨意評判自己（我有沒有朝完成工作又邁進一步？），因此可以放鬆進入工作的節奏，有助於避免拖拉，既有益於學習數理，也有助於寫報告（對許多大學課程而言，寫報告是非常重要的一件事）。

「一心多用」就像是不斷把植物連根拔起。持續轉移注意力，意味著新的概念根本沒機會在你腦中生根茁壯。寫功課時一心多用的人很快就會覺得累；一下子分心、一下子回神，如此來回拉扯是很費力的。儘管每一次轉移注意力似乎都只是轉瞬間的事，但是累積下來你會事倍功半。你的記憶會比較模糊、犯下比較多錯誤、沒辦法將你學到的一丁點東西跟別的知識融會貫通。一般來說，讀書或上課時一心多用的學生，成績都比較差。

有時候，你還咀嚼著成就的喜悅，卻又因為

隔絕干擾

「我一出生就少了耳道，因此天生失聰（我的下頷骨顏面發育不全）。所以，我讀書的時候，只要拔掉助聽器，就可以全神專注！我愛我的缺陷！小學一年級學期末，我參加智力測驗，測出智商九十——遠遠低於平均。我母親很氣餒，可是我開心極了，因為我以為滿分一百而我拿了九十分。我不知道我現在的智商多高，不過現在我聽得到了，智商恐怕是又掉了一些吧。感謝老天給我這麼一個開關裝置。」

——比爾・柴特勒（Bill Zettler），佛羅里達大學生物學教授、幾種病毒的發現者（與研究同儕一起）、年度師鐸獎得主削鉛筆這類雞毛蒜皮小事而走了神，又開始拖延。這時是你的腦子在糊弄你。因此，記錄實驗筆記就很重要了；稍後會詳細說明這一點。

◆換你試試看

蒙昧是福

下一次你又忍不住想檢查手機或電腦的訊息，請停下來，試著剖析你在這一刻的感受是什麼，接受這感受，然後忽略它。

練習忽略那些會使你分心的事物——這比強迫自己完全不要分心來得更為有效。

本章重點整理

・一次做一點點讓你痛苦的事情，累積下來，最後可能產生很大的效用。

- 像拖延這樣的習慣有四個環節：
  - 提示
  - 例行動作
  - 獎賞
  - 信念
- 想要改掉壞習慣，你可以改變你回應提示的方法，或者乾脆不理會提示。獎賞和信念能讓你的改變更持久。
- 專注於過程（如何運用時間）而不是結果（你希望達成的目標）。
- 利用番茄鐘工作法維持短時間的專注力。每一次用功二十五分鐘之後，都要獎勵自己。
- 心智對比是很有效的激勵工具——想一想你經歷過的最糟糕的情況，然後拿它跟腦海中令人振奮的畫面進行對比。
- 一心多用，意味著你的思緒無法產生全面而豐富的連結，因為神經連結還來不及鞏固，協助製造連結的腦部位就不斷地被扯開。

停下來回想

如果你試著回想重要觀念卻覺得昏昏欲睡、頭昏腦脹，或者發現自己一遍又一遍讀著同一個段落，不妨做幾次仰臥起坐、伏地挺身或者開合跳。肢體運動對於理解與回想能力有令人意想不到的正面效果。現在，先去活動筋骨，再來回想這一章的重點吧。

加強學習

1. 你認為腦中的慣性殭屍動作為什麼喜歡過程勝於結果？你可以如何鼓勵自己著重於過程，使你在讀過這本書的兩年之後仍然可以做到？
2. 針對你目前的習慣，你可以有怎樣的小改變來幫助自己避免拖延？
3. 你可以培養哪一種簡單的新習慣，幫助你避免拖延？
4. 引發你產生拖延反應的提示當中，哪一種提示最為棘手？你要怎麼做才能改變對這個提示的反應，或者避免接收到這個提示？

數學教授談如何將失敗轉為成功的養分

奧拉多·「巴迪」·邵塞杜（Praldo "Buddy" Saucedo），在教授評價網站 RateMyProfessors.com 上備受好評；他是全職的數學老師，在德州的達拉斯郡立社區大學學區執教。他的教學格言是：「我提供成功的機會。」他分享他化失敗為成功力量的見解如下：

每隔一段時間，就會有學生問我是否天生聰穎過人。這個問題我覺得好笑。我都會告訴他們我在德州農工大學第一學期的學業平均點數（GPA）。

我在白板上寫下「4.0」，然後告訴大家我第一學期差一點就拿到4.0。「聽起來很棒，對吧？」我說，並停下來看他們的反應。接著，我拿起板擦，把小數點往左邊挪一位。數字變成「0.4」。

沒錯。我的成績爛透了，爛到被踢出學校。驚訝吧？不過我發憤圖強，最後不僅大學畢業，還拿到碩士學位。

類似這樣由失敗轉爲成功的案例很多。如果你過去曾經失敗，你或許還不明白失敗能爲成功帶來多麼重要的養分。我從奮鬥過程中，得到以下幾個重要心得：

・成績不代表你；你比你的成績優秀。成績只是時間管理和成功率的指標。

• 成績很爛不代表你是爛人。
• 你一拖延，成功就死了。
• 把心思放在一小步一小步做完你能掌握的部分，再加上時間管理；這兩者都很重要。
• 準備是成功之鑰。
• 每個人都有一定的失敗率。你總有失敗的時候；所以要掌控失敗。正因此，你才要做功課——練習，就是在耗掉我們的失敗率。
• 全天下最大的謊言就是：「多練習可達完美。」不——練習只能讓你進步而已。
• 練習的時候就是應該要出錯的。
• 在家裡、課堂上、隨時隨地練習——就是不可以拿考試當練習！
• 臨陣磨槍而僥倖過關，不算成功。
• 以惡補方式應付考試，是一種短視近利的做法，只能帶來較低的成就感和一時的成果。
• 學習是一場長期競賽，能帶來人生最豐富的收穫。
• 每個人都應該成爲終生學習者，時時刻刻全方位地學習。
• 擁抱失敗。慶祝每一次的失敗。
• 愛迪生把他的失敗重新命名爲：「一千種無法創造燈泡的方法。」請替你的失敗重新命名。
• 就連殭屍都會爬起來再試一次！
• 人家說經驗是最好的老師。錯了。失敗才是最好的老師。我發現最佳的學習者是那些最懂得應對失敗，把失敗當成學習工具的人。

{第7章}

建立有用的記憶組塊

凡是創新的發明，鮮少在初次發明就發展完備、登峰造極的。它們總要歷經多次修改，不斷改良。第一代的「行動」電話，跟保齡球不相上下。第一代的冰箱很笨重，是釀酒廠裡的古怪設備。最早的引擎則是繁複的龐然大物，它的推動力跟今天的卡丁車（go-kart）沒兩樣。

要等到發明問世了一陣子、人們有機會拿它來東摸西弄以後，才有改良這回事。好比說，你先有了一台可以運作的引擎，你就比較容易改善引擎的特定規格，或者增加新的性能。就像引擎渦輪增壓器這類偉大創新之所以出現，是在工程師發現了往燃燒室塞進更多空氣和燃料可以增加引擎動力、節省燃料之後，德國、瑞士、法國、美國等等各地的工程師都從這個基本概念出發，爭先恐後去調整改良。

你還記得要先瀏覽書本一遍，然後再看各章後面的題目，藉此建立幾個可以幫助你理解的記憶組塊嗎？

如何建立強大的記憶組塊

在這一章，我們也要像創新發明的改良與提升那樣，學習如何改良與提升自己建立組塊的能力。建立小小的組塊資料庫，可以提升你的考試成績，讓你解決問題更有創意。不論你學的是什麼，這些過程都是使你晉升為高手的基礎（註一）。（容我稍作說明：這一章的主題跳回了組塊，而這正是交錯練習的示範：變換學習主題，強化你先前學到的內容。）

這裡有個重點：學習數理的基本概念，也許比學習需要背誦的科目容易。這可不是瞧不起背誦的困難度或重要性。找個準備考醫師執照的醫學院學生問一下你就會知道！

這說法可以成立，原因之一是，你開始做數理題目之後就會發現，每一個步驟都在向你暗示下一個步驟。把解題技巧吸收內化，成為你的一部分，這可以強化神經活動，讓直覺力變得強大，你會更容易聽到直覺對你說的悄悄話。當你看一眼就真正知道如何解題，這時你就建立了一個強大的組塊，而它在你腦中像一首歌那般流動；若能再集合一大群這類的組塊，就能讓你擁有其他方法都無法提供的強大理解力。

話不多說，重點來了。

七個步驟，建立強大的記憶組塊：

首先，拿紙拿筆，從頭到尾做完一道重要題目。（你應該要有這題目的解答，因為它是你以前做過的題目，或者是課本裡的例題。但是你不要偷看解答。）不可以作弊、不可以省略步驟，不可以叫嚷：「唉呦，我懂了啦。」你要確定每個步驟都做到合理。

接著，把這題再做一遍，這次要特別留心解題的重要步驟。如果你覺得怪，為什麼要重複做同一道題目，請別忘了：學吉他的時候，同一首曲子你不會只彈一遍；鍛鍊肌肉的時候，你不會只做一次重量訓練。

第三，休息。你也可以去讀這一科目的其他內容，不過總之是要你做跟前兩步驟不一樣的事。去打工、去研讀另一個科目（註二），或者打籃球。你需要讓發散模式有時間把問題放進內心。

四、睡覺，但是要先把題目再做一次。如果這回你卡住了，請仔細「聆聽」題目對你說什麼，讓潛意識告訴你接下來該怎麼做。

五、再做一遍。隔天，盡快找機會再做一遍。你應該會察覺自己的解題速度變快了，理解變得透澈，甚至你不明白為什麼你先前會覺得這題很難。到了這階段，你可以省略每一個步驟的仔細計算，而把焦點放在你認為最難的地方。持續聚焦在困難的部分，這做法稱為「刻意練習」（deliberate practice）。這個步驟很累人，卻是有效學習的最重要環節之一。也有替代或補充的方法，就是看你能否輕鬆地完成另一道類似的題目。

六、加一道新的題目。挑出另一道重要題目，用你做第一個題目時一樣的解法。這個題目的解答會成為組塊資料庫裡的第二組塊。接著，重複步驟一到五。等到你對這題很有把握了，再挑另一道新的題目來看。你會發現，你只要有了幾個堅固的組塊在資料庫裡，就可以大幅提升你對內容的掌握，幫助你以更有效率的方式解決新的題目。

七、進行「動態」重複。當你從事動態活動，例如走路去圖書館或運動中心，一邊走一邊在腦中複習那幾個解題的關鍵步驟。你也可以利用等公車、搭車或等老師進教室上課的空檔進行複習。這種動態演練可以加強你對重要觀念的回想能力，對寫功課和考試都有幫助。

以上就是建立組塊資料庫的重要步驟。你根據步驟所做的，就是建立並鞏固一張逐漸複雜的神經元網路——豐富並強化你的組塊（註三）。這過程運用了被稱作「生成效應」（generation effect）的原理，這種生成內容的方式（其實也就是回想），比起純粹反覆閱讀是更有效的學習方式。

這些說明大有用處，但是我彷彿聽到了你說：「光做一遍指定功課就要花好幾個鐘頭了，我哪有可能同一題還做四遍？」

如果你這樣想，我要問你：你真正的目標是什麼？交作業？還是在整學期成績計算裡佔了重大比例的考試中考出好成績，展現你掌握了學習內容？請記得，光是把書本敞在面前練習解題，不保證你考試的時候能回答，尤其不能保證你真正理解了內容。

機緣法則

請記得，天助自助者，幸運女神會眷顧付出努力的人。所以在學習新的主題時，別被排山倒海而來的資訊嚇倒了。請把重心放在釐清重要概念。簡單的架構可以產生出乎意料的莫大幫助。

如果你的時間很少，不妨拿幾個關鍵問題運用這套「刻意練習法」，以此加速並強化你的學習、提高你的解題速度。

音樂家提高演奏技巧的方法，也適用於學習數理。舉例來說，小提琴大師練習樂曲時，不會只是把曲子從頭到尾彈一遍又一遍。她會集中練習曲子裡最困難的部分——那些害她手指打結、腦筋混亂的段落。你在進行刻意練習時也應該這麼做：集中練習解題程序中最困難的部分，加快你的解題速度。

別忘了，研究顯示，花越多工夫回想學習內容，記憶在腦中的烙印痕跡就會越深。讀書的時候，**回想才是最好的刻意練習法**。這方法跟西洋棋大師採用的策略雷同。這些心智奇才將各種棋局形成組塊，加以內化，並且跟長期記憶中的最佳策略產生連結。這樣的心智結構，幫助他們在下棋的當下找出最理想的棋路。排名較為後面的棋手為何比不上西洋棋大師？因為大師會花很多時間認清楚自己的弱點，努力加強不足之處。他們可不是下幾盤棋玩玩而已。他們最後的成就是一般棋手無法望其項背的。

請記得，回想練習是力量最為強大的學習工具之一，遠比僅僅反覆閱讀有效得多。由解題方法構成的組塊資料庫之所以有效，正是因為這樣的組塊資料庫是靠回想練習建立而成的。別被能力錯覺糊弄了。記住，光是瞪著攤在你眼前的內容，會讓你誤以為自己理解了其實你還不懂的知識。

一開始練習這種方法時，可能覺得左支右絀——就像三十歲才開始上第一堂鋼琴課的人。但是只要多練習，你會越來越得心應手。對自己要有耐心——當你逐漸對學習內容應付自如，就會越來越享受學習。費工夫嗎？當然。想要在一首鋼琴曲子裡注入豐富情感與格調，也得下一番工夫。不過，成果絕對值回票價！

「組塊電腦」真棒！

「身為一個全職的工科學生，還有一份全職的工程技師工作，我有太多功課要放在大腦的最前線。我的訣竅就是替不同科目建立龐大的記憶組塊——熱學、機械設計、電腦程式等等。每當我需要回想某一門功課，我就排開原本在思考的事情，從腦中叫出相關組塊——就像點開電腦桌面上的一個連結。我可以專注在特定領域上，或是用發散模式搜尋桌面，找到可以貫穿好幾個不同組塊的觀念。當我把心智桌面整理得條理分明，我就能輕鬆找到連結、思考更敏捷，對於任何一個主題都能輕鬆地鑽研更深。」

——麥克．歐瑞爾（Mike Orrell），電機系大三學生

讀著讀著，撞牆了

學習的進程未必能按部就班、井然有序，並不是每一天都一定能更清楚一些、更多一點知識。你有時候會撞牆；以前你覺得有道理的事，眼前突然變得莫名其妙。

像這樣的「知識崩解」（knowledge collapse），似乎會發生在心智試圖重整知識的時候，也就是你在打基礎的時候。好比學習外語的人，偶爾會覺得正在學的這個外語變得像是科幻影集裡面外星人講的語言那般難解。

請記得：你需要時間來消化與吸收新知。你偶爾會感覺自己的理解力似乎一落千丈，這是自然現象，意味著你的大腦深處正在與所學習的新內容搏鬥。等你從這種短暫的挫敗期走出來，你會發現你的知識基礎出現意想不到的大躍進。

有條有理——整理你的學習內容

若你需要準備考試，請把你的練習題及解答都整理清楚，以便快速複習。有些學生把寫好的習題解答貼在課本的相關頁面，讓資料立即可得。（如果課本需要還給別人，請用無痕膠帶或便利貼。）親手寫下答案是很重要的動作，因為手寫會使你記住比較多內容。另一種做法是，把重要題目與解答一起收在同一個檔案夾裡，方便你在考試之前進行總複習。

交替使用專注和發散式思維

「記憶的一項奇妙特質是，積極重複（active repetition）比僅僅只是重複，更可以留下深刻印象。我的意思是，以背誦來說，你快要把內容背下來的時候，最好稍微等一等，先嘗試回想內容，而不是再翻一遍書本去確認。如果我們用回想來叫喚出書中文句，下一次應該還能背得出來；但若是去翻課本確認，那麼以後恐怕還得靠書本。」

——威廉．詹姆士，寫於一八九〇年

測驗是強大的學習方式——經常給自己小小的測驗

我們為何需要在腦中把解答方式梳理清楚、建立起組塊？原因有好幾個，其中之一是為了避免你在考試時像喝水被嗆到那樣，腦子被各種訊息塞住，以至於無法回答問題。當你的工作記憶量滿了，沒有空間再容納更多解題所需的資訊時，你就可能會大腦塞住——腦筋打結。記憶的組塊可以把知識壓縮，騰出工作記憶體空間，讓大腦不至於太快超過負荷。此外，假如工作記憶體是有餘裕的，你比較有機會記住你為了解題所需要的重大細節。

這類的練習，每一次都是一種迷你測驗。研究顯示，測驗並不只是為了衡量你懂得了多少；測驗本身就是強大的學習過程。它會改變並加強你所知的事情，並且大幅提升你記住的能力。透過測驗而提高知識的現象，叫做「測驗效應」（testing effect），之所以產生這種效應，似乎是因為測驗能強化並鞏固腦中的相關神經模式。這正是我們在第四章見到的，在93頁的圖示裡可看出來，經過反覆練習之後，大腦神經模式的顏色會加深。

就算你的測驗考得很糟，而且沒核對答案，也仍然會由於這種測驗效應而出現進步。不過，如果你在讀書的時候測驗自己，最好盡可能從解答手冊、書末、或者其他包含解答的地方找出正確解答，用它來核對自己的答案。另外，跟同儕或老師交流互動也會對學習過程有幫助，我們稍後會討論這一點。

建立牢固的組塊，可以產生極大的幫助，原因之一就是你在建立組塊的時候得到許多迷你的機會測驗自己。研究顯示，學生（甚至是教育者）完全不知道透過回想來檢驗自己能得到多少好處，這實在令人吃驚。

學生以為，當他們檢驗回想內容時，只是在檢查自己知道了多少。然而，這種積極的回想測試其實是極其有效的學習方法，它的效果遠勝過僅僅只是被動地反覆閱讀！藉由建立組塊資料庫、積極地回想教材內容，並且檢驗你回想出來的材料，你就是在運用當今最棒的學習方法之一！

◆換你試試看

建立腦中的解答庫

想要增加大腦彈性與知識深度，關鍵就在於替自己建立一個組塊化的解答模式資料庫。這是你的快速存取資料庫——能在必要時刻發揮效用。這個觀念不僅適用於數理問題——也適用於生活的許多層面。好比說，這個觀念也能解釋為什麼每次搭飛機或住進旅館前，最好先查明緊急逃生出口在什麼地方。

本章重點整理

- 建立組塊，意味著把觀念整合成能夠順暢連結的神經思考模式。
- 建立組塊，有助於增加工作記憶體的可用空間。
- 建立由觀念和解答構成的組塊資料庫，可提高你解題的直覺力。
- 建立組塊資料庫時，請特別練習最難懂的觀念，這一點很重要。
- 有時候，你明明很用功了，只可惜運氣不夠好。請記得機緣法則：如果你好好準備，經常練習，並且建立了良好的心智庫，你將會發現運氣逐漸好轉。換句話說，不用功的人保證失敗，而努力不懈的人將能迎接許許多多的成功。

停下來回想

這一章的重點是什麼？大概沒有人能記住所有重要細節，不過沒關係，如果你開始把學習內容概括成幾個重要組塊，你的學習將會突飛猛進，讓你大吃一驚。

加強學習

1. 組塊跟工作記憶之間有什麼關係？
2. 建立組塊的過程中，你為什麼需要親自解答問題？為什麼不能只是看一看書本後面所附的解答、弄清楚來龍去脈，然後就繼續？你在考試之前還能另外做些什麼來整理腦中的組塊？
3. 什麼是測驗效應？
4. 一道題目練習了幾次以後，停下來感受一下：當你都知道了接下來該如何解題，對所有步驟都胸有成竹，這時你是否覺得很痛快？
5. 什麼是機緣法則？從你的經驗中找出一個符合機緣法則的例子。
6. 考試時大腦塞住，跟知識崩解有什麼不同？
7. 學生們誤以為最好的學習方式是反覆閱讀教材，而不是透過回想來檢驗自己。你有什麼方法避免掉入這種常見的陷阱？

eBay研究室資深協理，談「數理的成功之路與啟發」

尼爾．孫達雷森（Neel Sundaresan）博士，創立了「激勵！」計畫（Inspire!；全名為Innovation in Science Pursuit for Inspired Research），致力於幫助學生在科學、工程、數學與科技等領域獲得成功。有幾位得到資助的學生是來自弱勢族群的大一新鮮人，他們最近申請了他們的第一項專利，為eBay的行動商務提供了重要的智慧財產。孫達雷森博士說起他的成長故事，說明了他的成功之路：

我從小到大沒上過名校。事實上，我念的是低於平均水準的學校，許多科目都沒有適任的老師來教。但是我不管遇到什麼樣的老師，都會認眞尋找那位老師身上的優點——也許是他超強的記性，也許只是他經常掛著自在的微笑。這種正面的態度使得我可以欣賞老師的長處、接納我的課程。

長大以後，同樣的態度對我的事業也有幫助。我到今天都能積極地從同事或上司身上尋找啓發。我發現，只要我沒有從別人身上看到優點，我都會掉入沮喪。這會提醒我應該反躬自省、改變自己。

說起來很老套，但我母親是我人生最重大的啓發。她初中畢業後就不得不輟學，因爲她如果要念高中就得離鄉背井，而她成長的年頭正是印度爭取獨立的那段風起雲湧年代。母親求學無門的經歷，促使我決定要爲其他人打開大門，幫助他們實現其實只有一步之遙的成功機會。

我母親有一項黃金法則，她說「書寫是學習之母」。我從小學到博士班，遇到我眞正想學的內容時，我就用有系統的方法去理解、並且寫下每一個步驟。這是一種力量強大的方法。

念研究所的時候，我常看見同學在書上的文句或證明步驟上拚命劃線。我從來無法理解這種方法。就某方面而言，劃重點相當於破壞了原本的文句，而且又無法保證你可以把文句放入心裡，在心裡開花。

我自己的經驗呼應了你這本書裡講到的研究發現。你應該少劃重點，因爲至少就我的經驗來說，劃重點沒有其他好處，只會讓人產生能力錯覺。回想練習的力量卻強大得多。試著在翻頁以前先把那一頁的重點好好印在腦子裡。

我喜歡在早上精神很好的時候，先讀我覺得困難的科目，例如數學。至於我最強的突破性思維，往往是在上廁所和洗澡的時候發生——在這些時候，我的意識暫時放下了問題，讓發散模式得以施展魔力。

{第 8 章}

工具、祕訣和小竅門

知名管理學家大衛・艾倫（David Allen）說過：「我們會誘導自己去做我們本就該做的事……我見過很多表現優異的人，都是最會誘導自己的人……我們身上聰明的那部分會設下陷阱，誘使我們不怎麼聰明的其他部分做出下意識反應，產生高效能行為。」

艾倫所說的誘騙陷阱，指的是譬如穿上運動服以便進入運動心情，或者把一份重要報告放在大門口以免自己漏掉之類的訣竅。我經常聽學生說，他們如果置身新的環境——例如圖書館的安靜樓層——對於防止拖延有意想不到的效果。研究證實，設定一個專門用來工作的地點是一種格外有效的方法。

另一個訣竅就是透過**冥想**學會摒除雜念。冥想不是靈修者的專利。很多科學研究都揭露了冥想的價值（註一）。泰・雪瑞登（Tai Sheridan）的《穿牛仔褲的佛陀》（*Buddha in Blue Jeans*）是一本有關冥想的入門指南小書，非常實用，已有免費的電子書，適合各種信仰的人閱讀。坊間也還有許多關於冥想的應用程式，你不妨上網搜尋適合你的型款。

還要提一個重要訣竅：「**轉念**」（reframe your focus），這是指把念頭轉開，換其他焦點去關注。舉例來說，有個學生養成習慣每天清晨四點半起床，他醒來時不是抱怨自己有多累，而是想像早餐有多麼美味。

有個極為特別的轉念案例：羅傑・班尼斯特（Roger Bannister）是史上第一個在四分鐘之內跑完一英里的跑者，他如何創下紀錄的呢？班尼斯特是醫學院學生，他沒錢聘請訓練員，也吃不起專門設計給跑步選手的特殊餐飲。他只能在上學與讀書之餘練跑，每天最多只能抽出三十分鐘練習跑步。從這些理由看起來，班尼斯特達成目標的機會不大，但是他沒有緊抓著這些說法，他轉移了念頭，設法用自己的方式實現夢想。他寫下世界紀錄的那一天早晨，他起床後吃了尋常的早餐，巡視完他該巡視的病房，然後搭上公車，趕往比賽會場。

有許多正向的心理技巧是你可以善用的，以此彌補你那些沒有效用、甚至弄巧成拙的負面的內心戲——例如你對自己說你可以在最後時刻一口氣解決所有功課。

你一想到該做正事，就覺得心煩，有這種反應很正常。重點在於你如何處理這些負面情緒。研究人員發現，拖拖拉拉的人跟作風明快的人比起來，差別在於明快的人很快就拋開

面對拖延的正面方式

「我告訴學生，想拖著不去解題也可以，只要能遵守下面三條規則：

1. 一開始拖延，就不准使用電腦。電腦實在太容易讓人上癮了。
2. 開始拖延之前，先找出作業裡頭最簡單的一題（此時還不需要解題）。
3. 把解題所需的方程式寫在一張小紙片上，隨身攜帶，直到他們決定不再拖拖拉拉、開始寫作業為止。

「這套方法很管用，因為它會讓題目逗留在發散模式中。學生還拖著的時候，腦子就開始解題了。」

——伊莉莎白．普勞門（Elizabeth Ploughman），卡莫森學院物理系講師，英屬哥倫比亞，維多利亞市

負面思維，告訴自己：「別浪費時間，做就是了。只要開始行動，一切都會好轉。」

用自己做實驗：更好更進步

加州大學柏克萊分校心理系的名譽教授，塞斯．羅伯茲（Seth Roberts），他還在讀研究所、學習做實驗的時候，就開始在自己身上進行實驗。羅伯茲的第一次自我實驗是以青春痘為主題。那時，皮膚科醫生給他開了藥，讓他使用四環黴素治療青春痘。羅伯茲的實驗很簡單：他使用各種不同的劑量，分別計算臉上各長了幾顆青春痘。結果如何呢？他發現，四環黴素跟他長了幾顆青春痘根本無關！

羅伯茲就這樣發現了醫學界還要十年才會得到的結論：藥效強大的四環黴素不見得可以治療青春痘，還會帶來危險的副作用。另一方面，羅伯茲發現了與他原本想法相反的事：過氧化苯甲醯藥膏倒是對青春痘有效。羅伯茲說：「這個青春痘研究帶給我的心得是，外行人可以運用自我實驗做到以下：第一，檢驗專家的說法是否正確；第二，學習新知。我以前不知道竟然可以這麼做。」那之後，羅伯茲運用自我實驗來研究他的心情、控制體重，並且觀察 omega-3 對腦功能的影響。

整體而言，羅伯茲發現，自我實驗是極其有效的方法，可以用來測試概念，也可以激發與建立新的假說。他指出：「**自我實驗牽涉到要在生活上製造重大的改變**：譬如，好幾個星期都不做某一件事，接著好幾個星期投入另一件事情。因此（再加上其他千百種我們監測自己的機制），自我實驗可以讓我們輕易發現原本沒預料到的副作用。此外，每天測量青春痘、睡眠等等項目，這些數值提供了基準線，讓我們更容易看見意料外的改變。」

你的自我實驗，至少可以從對付拖延這個問題開始。你可以觀察：你打算完成卻沒完成的事是哪些、哪些因素引發你拖延，你在面對拖延提示時出現了怎樣的慣性反應等等，把這些一一寫下來。藉由這些記錄，你就稍微給了自己一點壓力，幫助你改變你面對拖延提示時的慣性，進而逐步改善你的工作習慣。尼爾．菲奧里（Neil Fiore）在他的大作《戰勝拖拉》（*The*

該單打獨鬥，還是加入團隊

「我個人對抗拖延的訣竅，就是隔絕一切會使人分心的事物，包括人群。可以把自己關在房間裡，或者一個人上圖書館，這樣一來就沒有任何事物會讓你分心。」

——奧克瑞．柯瓦特（Aukury Cowart），電機系大二學生

「我發覺，遇到不懂的科目時，跟同學一起讀書很有用。我可以提出問題，跟同學一起摸索我們不懂的地方。很可能我正巧懂得他不明白的地方，或者反過來是他知道我不懂的地方。」

——麥克．帕里梭（Michael Pariseau），機械系大三學生

Now Habit）中，建議讀者詳細追蹤一到兩星期的活動行程，藉此發現自己最會拖的問題是什麼。有許多種方法都可以監測自己的行為。這裡有一個重點：接連幾週寫下的觀察日記，可以在你自我實驗的過程中幫助你改變。此外，每個人適合的工作環境不同，有人需要在喧鬧的咖啡廳工作，有人喜歡去安靜的圖書館。你需要弄清楚什麼環境最適合你。

終極盟友：行事曆

想要掌控你的習慣有個很簡單的好辦法：每星期列一次清單，扼要列出那個禮拜的重要事項，然後在每天睡前列一張工作表，寫下你可以在明天執行或完成的合理工作量。這份一日工作單為什麼要在前一天晚上列表？研究顯示，這樣做可以促使潛意識思索清單上的任務，幫助你找出方法。**睡前列出工作單，可以召喚你腦中的殭屍幫助你完成隔天的任務**。

有人用手機、有人用點子行事曆，也有人用紙本行事曆來記下各種事項的完成期限，你的方法大約也不出這幾種。你從你的「截止期限」行事曆上，寫下最多二十個的待辦事項。每天晚上再根據當週待辦事項來制定隔天的日程表，並請將一天的份量限制在五到十個項目之間。一旦訂定日程表，就盡量不要增加新的項目，除非出現什麼突發大事。（你不希望單子上的工作事項沒完沒了吧？）也請盡量不要調換日程表上的內容。

沒有工作單的殭屍提不起精神　　擁有工作單的殭屍興高采烈

如果你不把該做的事情寫下來，這些事情就潛伏在只有四格的工作記憶體邊緣，佔據寶貴的心智資源。

一旦列出工作清單，你就可以騰出工作記憶空間去解題！但是請記得，你必須相信自己會查閱行事曆。假如你的潛意識不信任你，那麼待辦事項就又會開始縈繞腦海，阻礙你的工作記憶。

還有一件事：正如寫作指導教練黛芬妮・葛雷葛蘭特（Daphne Gray-Grant）給客戶的建議：「如果非得吃青蛙不可，那麼一早就把青蛙給吃了。」早上醒來，就解決掉最重要也最討厭的工作。這種方法出奇有效。

以下範例是我的行事曆上某一天的日程（你可以創造自己的清單樣本），請注意：我只列出六個項目，而其中幾項的重心在於過程。例如我有一篇期刊論文還有好幾個月才截稿，所以我每天投入少許時間專心寫作，一點一滴朝目標邁進。另外幾個項目以成果為導向，但那只是因為這些項目可以在短時間內完成。

十一月三十日

*《美國科學院院報》論文（一小時）

*散步

*看書（一節）

*ISE 150：準備教學範例

*EGR 260：準備期末考試題

*完成下一場演講講稿

專注，享受！

預定收工時間：下午五點

請注意我給自己的提醒：我期許自己維持專注，同時又享受工作過程。我今天的工作進度良好，不過我倒也逮到自己一時分心：我忘了關掉電子信箱。為了回到工作正軌，我利用電腦上的計時器設定二十二分鐘，進行番茄鐘工作法。（為什麼是二十二分鐘？嗯，有何不可呢？我不必一成不變吧！而且請注意，透過番茄鐘工作法，我的焦點又回到了過程。）工作表上沒有規模過大的項目，因為我還有其他日常工作要做——我還得開會、講課。有時我會在清單上安插幾項身體勞動，例如拔草或打掃廚房，這類工作對我來說通常是苦差事，但是由於我利用它們來放鬆自己以便進入發散模式，因此我常常巴不得趕快去做。讀書時間裡穿插其他工作，似乎能讓每一件事情都變得更有趣，也能避免你枯坐而一事無成。

就這樣，我安排時程的經驗變得豐富，我也就更能準確預估每一項工作所需要的時間。你會發現，**當你逐漸知道每一段時間的合理工作量是多少，你的規劃能力就會快速進步**。有些人喜歡在每一項任務旁邊用數字標註優先順序：一代表最重要，五則表示拖到隔天也無妨。有些人喜歡在優先處理事項旁邊打個星號；還有些人習慣在每個項目前畫個方格，完成之後就在格子裡頭打勾。我個人喜歡每做完一個項目就劃一道又黑又粗的線。各人喜好不同，悉聽尊便。你會找出最適合你的方法。

順帶一提，如果你曾經使用行事曆卻覺得不管用，也許可以嘗試一種提示性較強的技巧：把工作項目寫在黑板或白板上，把板子掛在門邊。若你採用這種做法，當然還是能在槓掉工作項目時從心底生出快感！

請注意：在我這個例子裡，預定的收工時間是下午五點。這樣不太對吧？但你沒聽錯，我是下午五點收工；而且這一點是日程表上最關鍵的要素。設定收工時間，跟規劃工作時間是同樣重要的事。我通常預定下午五點以前結束工作，若是學習新的事物，我偶爾很樂意在睡前再複習一遍；除此之外，有時也得為了把某項重要工作做完而超出一點時間。我設定在下午五點結束工作，是因為我很喜歡跟家人相處，也喜歡晚上還有很多時間閱讀各種書籍。然而，如果你覺得我的日程表看起來太輕鬆，我得說我可是每天早起，一星期六天都照著日程表行事；若非功課或工作份量很重，否則不必這麼做哩。

時間表的自由

「為了對付拖延症，我把每一件事情都列出時間表。舉例來說，我會告訴自己：『我需要在星期五開始寫報告，星期六完成。星期六，我需要做數學功課。星期天，我得準備德文考試。』這確實讓我做起事來有條不紊，而且免於壓力。如果沒照著進度走，隔天就有雙倍的工作要做，那實在不是我所樂見的狀況。」

——藍道・布洛威爾（RNDll Broadwell），機械系學生，副修德文你也許這麼想：就算是這樣吧，但你是大學教授，早就過了刻苦勵學的學生生涯，你當然可以早早休息！然而，有一位我非常仰慕的學習專家，卡爾・紐波特（Carl Newport），他在學生時代也是每天差不多都在下午五點結束一天的事，他可是拿到了麻省理工學院的博士學位。換句話說，儘管這種工作方法在某些人眼中無異於天方夜譚，但是其實很多課業繁重的大學生和研究生都能做到。一個又一個的例子證明，能維持閒暇生活並以此平衡繁重工作的人，成績遠比一個勁兒埋頭苦幹的人出色。

完成日程表上的工作之後，你就可以收工了。如果你發現自己經常超過預定的收工時間，或者沒做完你安排的工作，你可以從行事曆上發現原因所在，並調整工作策略。你每天都有一個重要目標要做：你要在行事曆寫下幾項隔天的備忘事項，並且（但願能夠）劃掉幾條已完成的事項。

你的生活也許真的不允許你抽出時間休息或從事休閒活動。你也許身兼雙職或者修了太多門課，整天疲於奔命。但是不論你日子過得多麼緊湊，請試著擠出一點點休息時間。

很重要的是：**請把遙遠的截止期限轉換成每天的工作目標，一點一滴逐步完成**。浩大的工程需要轉化成幾個小規模的工作，每天出現在你的日程表上。千里之行始於足下，唯有一次走一小步，最後才能完成長征。

◆換你試試看

找出一個你不斷逃避的工作，從中挑出一小部分，安排時間與地點來處理這個部分的任務。你打算下午去圖書館，把手機轉到飛航模式嗎？或是你明天晚上計畫換去家裡的另一個房間工作，不帶筆記型電腦、而直接以紙筆書寫呢？不論你決定怎麼做，光是制定計畫，就能大幅增加你完成任務的成功機會。

你也許很習慣拿拖延和內疚當成鞭策自己的手段，你不相信還有別種方法可行。若是這樣，你恐怕得花一點工夫摸索如何妥善規劃時程，因為你以前根本不知道，不必趕時間而從從容容完成一項工作到底需要花多少時間。事實證明，拖延成性的人往往把每一次拖延視為單一的例外狀況，是一種「僅此一次」、下次不會再犯的現象——儘管事實並非如此——但是這種說法聽起來很棒，棒到使你一再上當；要是沒有行事曆佐證，根本毫無證據來反駁你的想法。正如美國早期的著名喜劇演員奇科·馬克思（Chico Marx）所說的：「你要相信誰？我，還是你自己的雙眼？」

有時候，稍微拖拉在所難免。但是，如果想要有效地學習數理，就必須克服你的習慣、駕馭你腦子裡的殭屍。**行事曆可以做為你的雙眼，讓你看清楚什麼做法是有效的**。剛開始運用工作表時，你很容易野心太大，根本不可能完成全部工作。但是逐漸調整之後，你很快就能學會如何設定合理可行的目標。

你也許會想：說是這樣說沒錯，但是時間到底該如何管理呢？我怎麼知道什麼是最緊要的工作？對此，每週待辦事項清單就派上用場了，它幫助你從容地退後一步，以宏觀的角度設定優先順序。在晚上制定好隔天的日程表，也使你不至於倉促做出長期而言弊多於利的決定。

你會不會偶爾為了突發事件而改變計畫？當然會！但請你記得機緣法則：幸運女神眷顧付出努力的人，而妥善規劃就是努力的一部分！請緊盯你的目標，盡量別讓偶爾出現的路障打亂秩序。

避免拖延

工業工程系學生強納森・麥考密克（Jonathan McCormick）的領悟：

1. 我在行事曆上寫的作業繳交日期，都是真正到期日的前一天。這麼一來，我從不會拖到最後一分鐘才趕著完成，而且在交作業之前，我還有一整天的時間思考並檢查。
2. 我會讓朋友知道我在寫功課。如此一來，不論誰逮到我上臉書，都會提醒我去做功課、為自己負責。
3. 我把工業工程師的起薪數字寫在紙上，把這張紙用小畫框框起來，放在桌上。每當我無法專心工作，我就看一眼那張紙上的數字，提醒自己，將來一切辛苦都會有回報。

去做就是了

「我週一到週五過得很有秩序，我的方法是把每天需要完成的事項寫下來。我通常寫在橫格紙上，摺起來，塞進口袋裡。我每天會把清單抽出來檢查兩次，看看自己完成了哪些工作、還有哪些事情需要去做。把清單上的項目劃掉的時候，感覺很好，尤其是清單上的待辦事項很多的時候，特別會覺得把事情一件一件做完真的很棒。我有一格抽屜，抽屜裡塞滿了這種摺起來的紙張。

「我發現，開始動手去做一件事，或甚至同時給好幾項工作起了頭，都可以讓事情變得容易一些。我知道等到下次再接續處理的時候，事情已經完成一部分了，這樣我就比較不會擔心。」

——麥克．賈沙吉（Michael Gashaj），工業工程系大二學生

簡單的計時器再加上紙筆，通常是避免拖延最直截了當的工具。不過，你也可以善用科技。以下簡單介紹幾個最符合學生需求的工具。

有助於專注學習的最佳應用程式與軟體（若無免費使用的版本，則會特別標註）。

計時器

- 番茄鐘工作法（有各種價格及服務）：http://pomodorotechnique.com/

工作表、行事曆和學習卡

- 30/30——結合了計時器與工作表：http://3030.binaryhammer.com/
- StudyBlue——結合學習卡與筆記，到了複習時間便會發簡訊提醒，並在簡訊中附上連結鏈：http://www.studyblue.com/
- Evernote——我個人最愛的應用程式之一；這個廣受歡迎的軟體可以用來記錄各種代辦事項以及任何隨筆（取代了寫作者長期以來隨身攜帶以便記下靈感的小筆記本）：http://evernote.com/
- Anki——最好的純學習卡系統之一，內建絕佳的反覆學習間隔，許多科目都有預先設計好的學習卡：http://ankisrs.net/
- Quizlet.com——你可以輸入自己的學習卡，或者跟同學分工合作（免費）：http://quizlet.com/
- Google 工作表和行事曆：http://mail.google.com/mail/help/tasks/

限制自己在浪費時間的網站上蹉跎光陰

- Freedom——許多人大力推薦這個程式，適用於 MacOS、Windows 和 Android（美金十塊錢）：http://macfreedom.com/
- StayFocused——適用 Google Chrome 瀏覽器：https://chrome.google.com/webstore/detail/stayfocusd/laankejkbhbdhmipfmgcngdelahlfoji?hl=en
- LeechBlock——適用 Firefox 瀏覽器：https://addons.mozilla.org/en-us/firefox/addon/leechblock/
- MeeTimer——適用 Firefox 瀏覽器，追蹤並記錄你在哪些網站花了多少時間：https://addons.mozilla.org/en-us/firefox/addon/meetimer/

為自己和其他人打氣

- 43 Things——用來設定目標的網站：http://www.43things.com/
- StickK——用來設定目標的網站：http://www.stickk.com/
- Coffitivity——製造適量的背景噪音，讓你彷彿置身咖啡館：http://coffitivity.com/

最簡單的終極隔絕法

- 關掉電腦和手機的通知鈴聲

本章重點整理

- 心理訣竅是力量強大的工具。以下是幾個最有效的祕訣：
  - 。置身於干擾很少的環境，例如圖書館。
  - 。練習忽略那些使得你分心的念頭，任由它們一閃而過。
  - 。如果你的態度出現問題，請試著轉念，將焦點從負面想法轉移到正向思維。
  - 。請明白：當你坐下來準備工作時，腦子裡有一些負面情緒是很正常的。
- 在生活中安排「休閒時間」，這是預防拖延的重大條件之一，也是督促自己不要拖延的一大理由。
- 預防拖延的核心方法，是設定一份合理的每日工作表，並且每週瀏覽一次，以宏觀的角度確認自己維持正軌。
- 在前一天晚上寫好隔天的工作清單。
- 先吞掉該吞的青蛙。

停下來回想

闔上書本，別過頭去。這一章的重點是什麼？要恭喜自己讀完這一章——每一項成就都值得你在心裡褒獎自己！

加強學習

1. 如果說，正要準備工作時，腦子裡有一些負面情緒是很正常的，那麼你要如何幫助自己跨越這道障礙？
2. 對你而言，什麼是駕馭拖延惡習的最佳方法？
3. 為什麼需要在打算完成任務的前一天晚上，就將任務寫在清單上？
4. 你如何轉念思考此刻覺得很討厭的一項工作？
5. 請說明，為什麼設定收工時間如此重要？

◆換你試試看

設定合理目標

我希望這一章的結尾可以成為你個人學習生涯的開端。接下來兩星期，請在每星期一寫下你接下來這一週的目標，然後根據你的一週目標，為每一天分別列出五到十個合理的而且規模較小的每日目標。然後你逐日進行，每完成一項工作，就在清單上劃掉這個項目，好好兒體會這份完成的成就感。如果必要，可以將一項任務切割成三項較小的子任務，另立一張「迷你工作表」，好讓你維持動力。

請記得，這樣做的目標是在合理時間內完成每天的工作，如此一來你就能夠擁有休閒時間而不覺得內疚。你正在培養一套新的習慣，這套習慣會讓你的生活愉快許多！

你可以使用紙筆，或者用黑板或白板貼在門上。不論你認為什麼方法最好，那就是督促你開始行動所需的方法。

浸漬在神奇的數學醃料裡，迎接生命中最艱困的挑戰——瑪莉．查（Mary Cha）的故事

我的父親在我出生後三星期的時候拋棄家庭，我母親在我九歲那年過世。因此我的初中和高中歲月過得很悲慘。我離開養父母家的時候還是少女，身上只有六十塊錢。

我現在在大學主修生物化學，學業平均點數3.9（最高分數是4），正努力朝進入醫學院的目標邁進，預計明年申請學校。

這一切跟數學有什麼關係嗎？眞高興你問起！

我在二十五歲那年入伍，因爲我實在經濟拮据，快要活不下去了。雖然說，入伍是個明智的決定，然而軍旅生涯可不輕鬆。最艱難的時期是在阿富汗的日子。我很喜歡我的工作，但是我跟同事格格不入。那常常讓我覺得孤獨，於是我利用閒暇時間研讀數學，設法讓腦筋維持活躍。

軍旅生活幫助我培養良好的讀書習慣，並非因爲我有很多時間可以盯著書本，而是因爲它讓我學會思考，當我只有幾分鐘時間的話我可以做什麼。總有突發的事情需要解決，那表示我只能利用短暫的間歇時間讀書。

就這樣，我意外發現了「浸在數學醃料裡的神奇力量」——這相當於進入發散模式的處理過程。有時我會被題目難倒，完全陷入膠著，毫無頭緒。然後我會接到上頭命令，得去處理炸彈或其他事情。每當我帶領隊伍外出，或者只是靜靜坐著等待，大腦深處仍

然思索著數學題目。等到晚上回自己房間，所有問題都會迎刃而解。

我還發現另一個訣竅，我稱它爲積極複習。就是我不管正在沖澡或是在把頭髮吹乾的時候，同時也在腦中複習自己解過的題目。這讓題目在我腦中保持活躍，不容易忘記。

我讀書的步驟是這樣的：

1. 做一個章節內的每一道奇數題，或者把每一種「題型」都多做幾題，直到徹底理解。
2. 讓題目在腦中浸泡著。
3. 寫下你希望放入工具箱的每一個重要觀念，並且針對每一種題型寫下一個例題。
4. 考試之前，你寫下的筆記必須無所不包：主題、每一個章節的題型，還有解題技巧。你會很驚訝地發現，光是列出各個章節的主題就能對你產生莫大的幫助，更別提寫出各種題型和工具是多麼有效了。用語言來回顧那些，能讓你有能力快速辨認題目型態，並且在考試時更具信心。

小時候，我以爲如果沒辦法立刻弄明白一件事，那表示我一輩子也別指望搞懂，或者表示我不夠聰明。其實根本不是這樣。如今我明白了：趁早開始練習，讓自己有時間消化，是一件非常重要的事情。這樣才能毫無壓力地進行理解，讓學習變得有趣得多。

{第9章}

有關拖延殭屍的結語

前面幾章，談到了有關拖延的各種議題。還有幾個想法要在這一章探討，相信能為拖延這個議題帶來新的見解。

在「白熱狀態」中發憤工作的利與弊

一九八八年，兩名微軟工程師在一場週五深夜派對上偶遇，結果激發出振奮人心的解決方案，他們想到方法來對付微軟公司差不多已經要舉手投降的重大軟體障礙。這兩人離開派對，去測試他們的構想。他們開啟電腦，逐行檢查有問題的程式。那天晚上，他們顯然發現了一點「什麼」。根據法蘭・強納森（Fran Johansson）的《比努力更關鍵的運氣法則》（*The Click Moment*）書中描述，這個「什麼」，使得一個差點就要喊卡的軟體計畫變成 Windows 3.0，進而使微軟成為今日所見的全球科技巨擘。有些時候，靈感似乎就是莫名其妙冒出來的。

像這種罕見的創意突破時刻——先是在放鬆時刻的靈光乍現，然後便殫精竭慮、全力以赴、不眠不休工作——大大不同於我們平常研讀數理的生活，而更像是體育活動：每隔一陣就得參加比賽，在極度壓力下放手一搏；不過你當然不會天天都在如此高壓條件下受訓。

有時候，你生產力很高，發憤工作，直到三更半夜才休息。你可能收穫豐富——但是你也許會發現，接下來幾天的生產力大不如前。整體來說，習慣用衝刺方式工作的人，生產力遠遠不如穩紮穩打逐步完成工作的人。處在白熱狀態的時間過長，會使你燃燒殆盡。

迫在眉睫的截止期限，可能會導致壓力驟增，讓你進入一種壓力賀爾蒙發揮作用而幫助思考的狀態。然而，依賴腎上腺素是一場危險的遊戲，因為一旦你壓力過大，你可能會喪失清晰思考的能力。尤其重要的一點是：為了即將來臨的考試研讀數理，跟在某一截止日之前完成一份書面報告，是非常不同的兩回事。這是因為，學習數理時你需要在腦中建立新的神經支架，這種支架迥異於大腦經過演化之後已經很擅長建立的社會、圖像、語言導向的神經支架。對許多人來說，建立數理支架的速度很慢，需要在專注模式和發散模式的思維之間切換，讓大腦慢慢消化吸收。諸如「我在壓力之下表現最好」這類的藉口，對於學習數理是特別無法成立的。

還記得一開始我們探討拖延議題時，在第五章提到的兩名吞砒霜的男子嗎？一八〇〇年代，有一小群奧地利人流行吃砒霜。就算人體可以對砒霜逐漸產生耐藥性，但是長期而言砒霜是會致命的藥物，而他們根本不在乎。這不就類似忽視拖延的危險性？

如果你可以意識到你是為了什麼而覺得痛苦，以至於你拖延不去做某件事，這對你會有好處。對於想要拖延的衝動加以抑制，就跟在少許的壓力之下工作一樣，都是有益處的。

「不工作的時候，我必須放鬆——而不是做另一件工作！」
——心理學家斯金納（B. F. Skinner），追憶一次後來成為他學術生涯轉捩點的領悟。

明智的等待

我們說過，表面上看起來很好的事有可能會導致惡果，譬如下西洋棋時的「定勢效應」，正是由於預設觀點而看不見還有別的更好的棋路。全神貫注通常是很可取的，但是專注也會讓你太過入神，以至於無法看到更好的答案。

若說專注不見得總是好事，反過來，看似討厭的拖延毛病也未必都是壞事。譬如說，被你擺在待辦清單前頭的事項如果沒有做完，你就有拖延的嫌疑。然而，這時就要了解一種**「健康的拖延」，這是指你先別一頭栽進工作，而是停下來思索**；這時你也就是在學習有智慧地等待。事情永遠做不完，若能排列優先順序，可以幫助你制定出更符合整體方向的決策。

能停下來思索是很重要的，這不只對於避免拖延很有幫助，也有助於解答數理問題。你知道在解答物理問題時，數學高手（教授及研究生）和初學者（大學生）最大的差別在哪裡嗎？差別在於，高手都比較慢才開始解題。高手平均花四十五秒推敲題目背後的物理原理，釐清問題的範疇。而大學生則倉促行事，只花三十秒時間就決定如何著手。

可想而知，大學生常常由於倉促而得出錯誤結論，因為他們是基於表面現象在做選擇，而不是從背後的原理出發。這好比專家多花一點時間導出花椰菜是蔬菜、檸檬是水果的結論；大學生則莽莽撞撞驟下結論，瞎說花椰菜是株小樹，而檸檬顯然是顆蛋。暫停，可以給你時間搜尋組塊資料庫，讓大腦得以在眼前的特定問題跟更全面的視野之間建立連結。

「等待」，還有更廣泛的重要性。當你抓破腦袋也想不透某個數理觀念時，千萬別被挫折感擊潰，馬上就認定這個觀念太難懂或太抽象。聯邦調查局談判專家蓋瑞．諾斯納（Gary Noesner）在他書名貼切的著作《拖延時間》（*Stalling for Time*）中指出，每個人都可以從挾持談判的案例學到許多教訓。一發生了挾持事件，各方情緒激昂；但急於解決危機的行動往往導致災難。設法壓抑下想要立即做出激烈行動的自然反應，給自己時間緩和情緒，最後才能有冷靜的頭腦解救性命。

那股在你心裡慫恿著：「放手去做吧，做就對了！」的情緒，很可能會在其他方面造成誤導。例如在規劃事業生涯時，「跟著感覺走」的衝動行事，就像是決定嫁給你最喜愛的電影明星一樣，聽起來很美，但現實最後給了你當頭棒喝。我們從實際結果得到明證：過去幾十年來，那些盲目追隨熱情、沒有理智分析生涯規劃是否明智的學生，比起結合熱情與理性的學生，較為不滿意自己的工作選擇。

這一切都跟我的人生經驗吻合。我原本對數學既沒有熱情也沒有天分或才華。我是出於理性考量而決定把數學學好，而且我努力去學。可是我同時也知道，光是只有努力並不足以把數學學好——我必須避免自欺欺人。

後來我確實學好了數學，而數學為我打開自然科學的大門。我也逐漸學通了自然科學。隨著我在這方面日益進步，我的熱情也隨之而至。

我們會對自己擅長的事物培養出熱情。但，錯是錯在我們以為我們對於自己不擅長的事情就沒有熱情，也永遠不會有熱情。

關於拖延的常見疑問

問：我被堆積如山的事情壓得喘不過氣來。雖然逃避只會讓情況雪上加霜，我卻連想都不願意去想它。當我覺得被龐大負荷壓垮時，該怎麼做呢？

答：請寫下三件你可以在幾分鐘裡完成的「微型任務」。別忘了，幸運女神會眷顧付出努力的人。請專注去做值得做的事情，盡力就好。

這時候，請閉上雙眼，告訴自己：不要擔心，沒有什麼值得掛念的，只要動手完成第一項微型任務就好。（當我說「閉上雙眼」，可不是開玩笑的——閉上眼睛可以讓你暫時跳脫原先的思維模式。）你不妨跟自己玩一場番茄鐘工作遊戲。你可以在這二十五分鐘裡閱讀某一章的開頭幾頁嗎？

若要完成許多項艱難的任務，就好比吃臘腸：你把它切成一片一片——然後一口一口吃。為每一項成就慶祝，不論它是否微不足道，你正在一步一步往前邁進！

問：要花多少時間才能戒掉拖延的惡習？

答：有些行動確實是有立竿見影之效的，但是，通常需要三個月左右才能建立一套你喜歡的而且覺得舒服的工作習慣。別著急，動用你的常識想一想——別急著大刀闊斧改變，這樣的改變無法持久，而且只怕會使你更氣餒。

來自過動生的卓越見解

「身為一個有注意力缺失症的學生，我每天都在跟拖延奮戰。只有一個辦法可以防制拖延：建立秩序。對我來說，這指的是要把所有事情都寫進行事曆或筆記本裡：交作業的日期、工作的時段，連跟朋友打混的時間也要寫進去。建立秩序，也意味著每天都在同一地點讀書，排除一切讓人分心的東西，例如關掉手機。

「如今，我每星期都在差不多的時間讀書——我的身體喜歡條理和規律作息；就是因為我身體喜歡秩序，所以一開始想要打破拖延習性是很困難的；但是也因為同樣的緣故，經過一個月強迫自己改變之後，我現在可以輕易維持新的習慣。」——維斯頓・葉書倫（Weston Jeshurun），大二不分系學生

問：我的注意力往往像無頭蒼蠅似的亂竄，很難專注在眼前的任務。我是否注定了一定是個拖拖拉拉不專心的人？

答：當然不是！我有許多創意十足、表現成功的學生，都是在運用了這本書描述的方法和工具之後，克服了過動症狀和注意力失調的問題。你也做得到！

如果你很容易分心，那麼那些有助於維持短暫注意力的工具對你就會特別有用，例如行事曆、掛在門邊的白板、計時器、手機或電腦上的排程軟體或計時程式。這些工具可以幫助你把拖延的殭屍習慣轉變成「主掌自我」的殭屍習慣。

問：你說過，在應付拖延惡習的時候，盡量不要使用意志力。可是我難道不應該多多運用意志力，把它鍛鍊得更堅強嗎？

答：意志力跟肌肉有許多相似之處。你必須長期運用肌肉，才能讓肌肉發達而結實。不過，肌肉在特定的時刻裡只有一定的力量。意志力的鍛鍊和使用是需要平衡的。所以當你嘗試改變時，你必須一次只挑一個訓練重點。

問：我可以很快就坐下來開始寫作業。不過，我一坐下來，就開始偷看臉書或電子信箱。本來三個小時可以做完的事，一不注意就用掉了八個小時。

答：番茄鐘計時法，是讓殭屍轉移注意力的萬靈丹。沒有人要你立刻就徹底戒除拖延惡習，你只要不斷努力、持續改進就好。

問：對於凡事拖拉、但是不肯認清真相、只會找藉口的學生，或者每次考試都不及格卻認為成績不足以代表程度的學生，你會對他們說什麼？

答：如果你老是掉進「不是我的錯」的狀況，那麼肯定有什麼地方不對勁。說到底，你是你自己命運的主宰。如果你想拿好成績，就需要改變，讓自己朝向理想前進，而不是責怪別人。

這些年來許多學生跟我說，他們「真的都讀懂了」，但他們考試不及格是因為他們很不擅長考試。然而他們的同學夥伴告訴了我真相：那些學生幾乎都不讀書。很遺憾地我要說：有些人誤判了自己的能力高強程度，有時到了妄想的地步。我相信，這一點也正是為什麼數理能力很強的人特別受到雇主歡迎的原因之一。數理成績，通常是以客觀標準來評斷學生理解艱深內容的能力有多高。

在此有必要再度重申：各個領域的世界級高手都表示，他們的成功之路走得並不輕鬆。他們咬著牙熬過種種苦悶和艱辛，才能達到如今這份優游自在、遊刃有餘的專業境界。

◆換你試試看

練習跟殭屍角力

挑出一個你遲遲不肯面對的挑戰。有什麼樣的想法能幫助你動手去做嗎？好比說，你可以這麼想：「那件事情其實不難；一旦開始就會漸入佳境；吃苦可以當成吃補；最後的回報值得追求。」

本章重點整理

「拖延」這個課題實在太重要了，所以我們要在這裡把前面各章關於克服拖延的重點再整理一遍：

- 寫工作日誌，以便追蹤進度。並且觀察哪些方法有效、哪些方法無效。
- 要求自己每天遵守某個作息、投入某項任務。
- 每一天晚上都把明天的工作計畫寫下來，讓大腦有時間思索你的目標，幫助你做到。

- 把工作切分成一系列的小型挑戰。做到的話，記得要大方犒賞自己（和你的殭屍！）；花幾分鐘品嘗快樂與勝利的滋味。
- 請特意把你犒賞自己的時機往後延一點，不完成任務絕不獎賞自己。
- 換一個環境，那裡沒有東西會冒出來使得你拖延。例如去安靜的圖書館樓層。
- 困難是一定會有的，但你不要養成習慣、一遇到問題就都推給外部因素。如果事情總是別人的錯，那麼你就該照一照鏡子了。
- 相信你的新系統。你得全神貫注用功讀書——也得對這套系統有足夠信心，這樣一來，等到該休息的時候，你才能毫無愧疚地真正放鬆休息。
- 準備替代方案，萬一你還是出現拖延狀況，才能知道如何處理。畢竟沒有人是完美的。
- 先把該吃的青蛙吃掉。

停下來回想

闔上書本，別過頭去。這一章的重點是什麼？今天晚上上床之前，請再次回想這章的重點：想把觀念根植於腦中，睡覺之前似乎是特別有效的複習時間。

加強學習

1. 如果你有容易分心的毛病，有哪些好方法可以幫助你預防拖延？
2. 你如何判斷，拖延在哪些時刻對你有益，何時卻對你有害？
3. 你曾經在什麼情況下發現，在衝鋒陷陣之前先停下來想一想使你受益？
4. 如果你坐下來工作，卻發現自己東摸西混，這時你可以採取哪些行動，讓自己快速回到正軌？
5. 反省你面對挫折的反應。你是積極負起挫敗的責任呢，或是總認為自己是受害者？哪一種應對方式最有幫助？為什麼？
6. 為什麼那些只從熱情角度來規劃生涯發展、不以理性分析來輔助做決定的人，到頭來對自己職業選擇的滿意度較低？

[Part. 3]

如何記得牢

{第10章}

增強記憶力

賈許・佛爾（Joshua Foer）是個平凡人。不過平凡人有時也能做出非常不平凡的事。

佛爾才大學畢業沒多久，與父母同住，勉強靠一份當記者的工作維生。他的記性平平，常常忘了重要日子（例如女朋友的生日）、想不起來車鑰匙丟到哪兒了，也會忘記烤箱裡還有食物。工作上，不論他多麼認真檢查，還是會把 its 拼成 it's。

這樣的佛爾，很驚訝於得知有些人似乎是異於常人，竟可以在三十秒內就記住一整副撲克牌的順序，或者看似不經心也能記下幾十個電話號碼、名字、人臉、事件或日期。隨便給這些人一首詩，他們可以在幾分鐘內背給你聽。

佛爾很嫉妒。他想，這些了不起的記憶大師腦子裡肯定有什麼不尋常的接線方式，幫助他們記住驚人的龐大訊息。

「我們身為教育工作者，鼓勵學生要融會貫通、形成組塊，不要把知識當成毫無關聯的獨立事件死記硬背時。當我們這樣做，我們有時會讓人產生『背誦不重要』的印象。（反正能查書，為什麼要背公式呢？）然而，我們仍然需要記住重要事實，因為這些事實是建立組塊、進行創意思考的種籽！很重要的一課是：為了要建立組塊，我們必須在腦中不斷攪動、操弄我們已經記下的事實。」

——佛洛斯特・紐曼，沙加緬度市立學院天文學及物理學教授

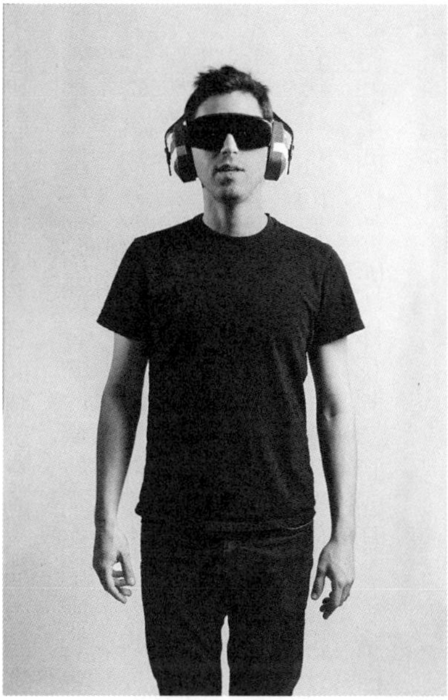

記者賈許・佛爾準備參加全美記憶冠軍大賽。他戴上耳罩和眼罩，避免受到外物干擾；分心正是記憶競賽選手的最大敵人。這確實提醒了我們：如果你真心想記住某件事，最好全神貫注，不要分心。

然而，佛爾訪問了許多記憶大師，他們異口同聲都說，在未接受訓練之前，他們的記性跟一般人沒有兩樣。聽起來不可思議，但這些人宣稱，正是古老的視覺記憶法使得他們得以快速而輕鬆地記憶。任何人都辦得到，佛爾一再聽他們說：就連你也不例外（註一）。

結果非常振奮人心：佛爾作夢也沒想到，他本人竟可以過關斬將，進入全美記憶冠軍大賽的決賽，端詳著一副撲克牌，跟其他頂尖高手一決高下。

你記得廚房的餐桌擺在哪兒嗎？

有一件事可能出乎你的意料：我們擁有絕佳的視覺與空間記憶系統。當你採取了一些運用到視覺與空間系統的技巧，就不必光是靠機械式的背誦要硬把資料刻進大腦中。相反的，你可以用好玩、難忘而有創意的方法，讓你更容易看見、感受或聽見你想記住的事情。更棒的是，這些技巧還有助於釋放工作記憶的空間。藉由運用有時略顯怪誕但是很容易提取的方式將事物分門別類，你輕易就能增強你的長期記憶，大幅減輕考試壓力。

以下容我說明，什麼叫做絕佳的視覺與空間記憶。假設你去參觀一間陌生房子，你很快就能弄清楚家具的布局、各個房間的位置、色調、浴室櫥櫃裡擺放的藥品（吁！）。短短幾分鐘內，你的心智接收到了數千筆的新資訊，並且將它們貯存起來。幾星期過後，你腦子裡記得的東西仍然能比你花同樣時間盯著一堵白牆發呆來得多。你的大腦天生就能記住關於空間的一般資訊。

古今的記憶大師，就是藉由開發這份天生的、強大的視覺空間記憶能力來強化記憶。古時候的人不需要記住大量人名或數字，但是他們需要記住出外打獵三天之後如何回家，或者營地南邊那片硬石坡上的什麼地方有結實纍纍的藍莓可以摘。這些演化上的需求，幫助他們鞏固優異的「東西在什麼地方、長什麼樣子」的記憶系統。

視覺圖像的力量

若想開發視覺記憶系統，請先製造一幅令人難忘的視覺圖像，用它代表你打算記住的某個重要項目。舉例來說，你可以用這張圖記住牛頓第二定律：f = ma。（這是淨力與質量和加速度之間的基本關係，人類只花了幾百萬年就發現了這項定律。）公式中的f，可以代表飛行（flying），m則代表驢子（mule），至於a呢，呃，就由你決定吧。

圖像對於記憶為何如此重要？部分原因在於，圖像直接連結右腦的視覺空間中心（註二）。圖像幫助你把看似無趣而繁瑣的觀念封裝成整體訊息，接通那塊可以強化記憶能力的視覺區域。

多多刺激感官，以此製造更多的神經掛勾：而神經掛勾越多，就越能記住觀念以及觀念所代表的涵義。除了看見驢子，你還聞到驢子的氣味，體驗驢子飛翔時風拂過身體的感受，甚至聽見風在耳邊呼嘯而過。畫面越是搞笑而鮮明，記憶效果就越強大。

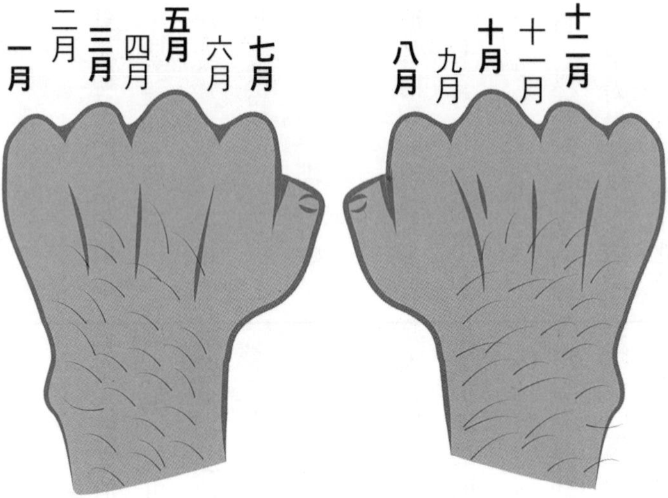

這是一種饒富創意的記憶法：握起拳頭，以突起的指關節代表有三十一天的月份。有位大學微積分學生說了：「說也奇怪，用了那麼簡單的記憶工具，我這輩子都不會忘記哪幾個月份有三十一天——太不可思議了。我只花十秒鐘就學會了二十年來因為覺得反覆背誦實在太煩而一直逃避去學的事。」

宮殿記憶法

「宮殿記憶法」是這樣的：**回想一個你熟悉的地方，把它當成一種視覺筆記本，在上面存入你想記住的觀念圖像**。這方法做起來很簡單，你回想一個你很熟悉的地方，譬如你們家、你上學的路線，或者你很喜歡的一家餐廳。這樣就行！這個場所就化身為記憶的宮殿，成了心靈的記事本，從這裡出發去記住事物。

這方法特別適合用來記憶彼此沒有關聯的品項，假設你要記住你購物清單上的品項（牛奶、麵包、雞蛋）。首先，你可以想像一瓶巨大的牛奶擺在你家大門口，麵包啪嗒一聲彈到沙發上，然後雞蛋打破了，蛋液沿著茶几邊緣滴滴答答流下來。換句話說，你想像自己走在你熟悉的地方，兩旁有觸目驚心的畫面，讓你牢記你想要記住的事物。

再假設你想要記住礦物硬度表，從硬度一到十：1滑石（Talc）；2石膏（Gypsum）；3方解石（Calcite）；4螢石（Fluorite）；5磷灰石（Apatite）；6正長石（Orthoclase）；7石英（Quartz）；8黃玉（Topaz）；9剛玉（Corundum）；10金剛石（Diamond）。你可以嘗試用以下口訣來記：「可怕的巨人拿著罐頭找到鱷魚」和「古怪的巨魔很好消化」（編按：這裡的英文原文「Terrible Giants Can Find Alligators」和「Quaint Trolls Conveniently Digestible」，

句中每一字的字首依序是這十種礦石的字首）。

問題是口訣可能還是很難背起來，但如果搭配記憶宮殿，就變得容易記住。你想像：大門口站著一個可怕的巨人，手上拿著一個罐頭；你走進門，碰上一條鱷魚……如此這般。不論學習財金、經濟、化學，隨便任何一科，都可以採用這套方法。

第一次練習，你的速度會很慢，需要花工夫才能想像出生動的畫面。不過只要多加練習，速度就會越來越快。有一項研究發現指出，有人運用這套記憶法，以大學校園為記憶宮殿，存入四十到五十個品項，只經過一兩次心靈「漫步」，就記住了超過百分之九十五

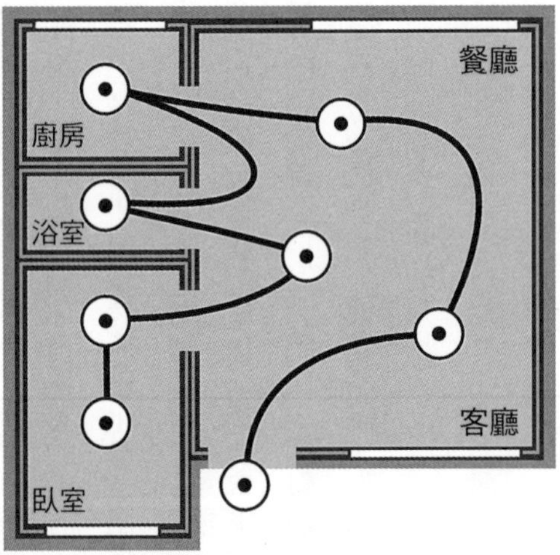

在記憶宮殿中漫步，存入讓你難忘的畫面。這種技巧有助於記住一串項目，例如一篇故事的五個元素，或者某種科學方法的七道步驟。

的內容。以這種方式運用大腦，默記也可以變成絕佳的創意練習，一邊記憶，同時也在腦中建立起更多有創意的神經掛勾。何樂而不為呢？（呃，也許有一種情況不適合：由於這種方法基本上運用了大腦的視覺空間系統，所以當你在做其他的空間活動，例如開車的時候，最好不要同時使用記憶宮殿法。開車時，一旦注意力分散，有可能招來危險。）

◆**換你試試看**

記憶宮殿法的運用

頂尖的解剖學教授崔西．瑪格蘭（Tracy Magrann），運用記憶宮殿法學習表皮的五層結構：「表皮有五層結構，由裡到外分別是基底層、棘層、顆粒層、透明層和角質層。若想要記住最底下是哪一層，請想像你們家的地下室，那就是基底層。由下而上，想要從地下室（最裡層）到屋頂（最外層），請先爬地下室的階梯往上……小心！階梯上布滿荊棘（棘層）。接著你走進廚房，不曉得誰把顆粒狀的糖粉灑了一地（顆粒層）。你繼續上樓，先停下來擦防曬油。透明層就像隔絕紫外線的防曬油，不過由於透明層只存在於手掌及腳掌，所以你只在這些地方塗防曬油。現在一切就緒，你可以走上屋頂，享用牛角麵包了（「角」質層）。」

運用記憶宮殿法

有些歌曲會使你把內容印入腦海，這就跟記憶宮殿法有異曲同工之妙，因為兩者都使用較多大腦的右半球。有些歌曲能幫助你記住二次方程式的公式、幾何圖形的體積公式，等等各式各樣的方程式。（上網輸入關鍵字「二次方程式公式」和「歌曲」搜尋就會找到。）你也可以自己編一首歌來記住數學程式。許多兒歌運用帶動唱幫助孩童記住歌詞（例如《小兔子福福》〔Little Bunny Foo Foo〕），再搭配有意義的肢體動作，譬如從蹲下而騰起的動作或是蹦蹦跳跳，都能提供更多神經掛勾留住記憶，**因為肢體動作所產生的感受也成為了記憶的一部分**。

這些記憶法可以更廣泛運用，不僅只是用來記住公式、觀念和購物清單。只要你明白，難忘的畫面能幫你記住你要表達的重要觀點，那麼下次你遇到要

喚醒記憶的廣告歌曲

我們在十年級（高一）化學課上，第一次學到阿佛加德羅常數（Avogadro's number, 6.02214×10^{23}），沒有人記得住這個數字。我有個朋友掰了一首歌，套用了金黃穀片（Golden Grahams）的廣告歌曲（這個曲子源自於一首更古老的老歌，叫做《噢，黃金拖鞋》〔Oh, Dem Golden Slippers〕）。如今三十年過去，我重返校園成了一名老學生，卻仍然記得阿佛加德羅常數，全拜那首掰歌所賜。」

——麥爾肯．懷特豪斯（Malcolm Whitehouse），資訊工程系大四學生

上台演講或報告，那種會使人在緊要關頭腦筋一片空白的場合，都會變得容易許多。你只需要把你想談的重點跟難忘的畫面連結起來即可。賈許．佛爾在TED大會的精湛演說，正是記憶宮殿法幫助記憶演講內容的最佳展現。如果你想知道如何運用這些方式來記憶公式，請試試 SkillsToolbox.com 網站，這個網站替數學符號設計了一系列好記的視覺圖像。（例如把除號畫成小朋友玩的溜滑梯。）

這類的記憶輔助工具，諸如善用難忘的畫面、歌曲，或者是想像力豐富的「宮殿」，它們之所以有用，是因為在你散神分心的時候，得以維持專注。它們提醒了你：**「意義」對於記憶是重要的**——儘管一開始設定的意義可能很古怪。簡言之，記憶術是要讓你把生活中所學的事物變得有意義、難忘而有趣。

名師崔西的記憶訣竅

「大腦運作時會耗用大量能量，因此在記憶東西時，來回踱步或事先吃一點東西，都很有幫助。另一個要點是，務必多方面使用大腦的各個部位。我們使用大腦的視覺皮層來記憶眼睛所見到的，用聽覺皮層記憶耳朵所聽到的，用感覺皮層記憶身體所觸碰的，用運動皮質區記憶我們拾起和移動的事物。學習時，若同時運用較多大腦部位，就能建立更堅固的神經模式、編織出更緊密的網，因而比較不容易在考試的壓力下遺忘。例如學生們在解剖實驗室裡的時候，應該把即將解剖的大體抬起來，閉上眼睛感受那具身體的每一個結構，大聲說出各個部位的名稱。你可以省略嗅覺和味覺……凡事總得有個限度！」

——崔西．瑪格蘭，生物科學教授，鞍峰學院

本章重點整理

- 記憶宮殿法——在你熟悉的場景置入稀奇古怪的難忘畫面——可以發揮視覺記憶系統的力量。
- 學習以更嚴謹卻也更富創意的方式運用記憶，可以幫助你學會專注；即使是創造各種天馬行空的連結，都有助於加深記憶。
- 若你把你已理解的內容記下來，你就能把這批內容記得更深刻，同時強化了你的心智資料庫，使你有機會成為高手。

停下來回想

闔上書本，轉頭看別處。回想：這一章的重點是什麼？你明天早上醒來，展開例行的「賴床」儀式時，請看看你能回想起哪些重點。

加強學習

1. 請描述一幅可以幫助你記住一道重要公式的畫面。
2. 從你正在上的一門課中，挑出四個以上的重點或觀念。說說看你該如何把這些觀念轉譯成難忘的畫面，以及你會把它們放置在記憶宮殿的什麼地方。（為了老師著想，請自行審查你的畫面。）
3. 請用老奶奶聽得懂的方式，說明宮殿記憶法是什麼。

空間能力可經由學習而得

工學系教授雪若．索比（Sheryl Sorby）是一名曾獲大獎肯定的工程師，她的研究興趣裡包含了設計3D電腦圖，將複雜的行為視覺化。她的經歷是這樣的：

許多人錯以爲空間智力是固定的數值——有就有，沒有就沒有。我要斷然駁斥這個觀念。我自己就是活生生的例子可以證明空間能力是可以後天學習的。我曾經因爲空間能力不足，差一點離開我熱愛的工程專業，但是我努力學習、培養技能，得以取得學位。正因爲我在學生時期爲了空間能力而痛苦，因此我當了老師之後，一心一意幫助學生發展他們的空間能力。幾乎每一個學生都可以透過練習得到進步。

人類的智力有許多形式，從音樂、語言、數學到其他種種層面。其中一個很重要的形式就是空間思維。空間智力很高的人，可以從另一個有利的角度去想像物體，或者想像物體經過轉動、切割之後的模樣。某些情況下，所謂空間能力，也就是當你手拿一張地圖，能否找出路線從一個定點到達另一個定點的能力。

事實證明，如果想要在工程、建築、電腦和多種專業領域獲得成就，關鍵要素之一便是空間思維能力。想一想飛航管制員的工作，他得同時想像好幾個航班的飛行路線，確保飛機不會相撞。也請你想像汽車黑手把零件裝回引擎時，需要運用怎樣的空間能力。最近幾項研究都發現，空間能力跟創意與創新能力息息相關。換句話說，你的空間思維能力越強，你就越有革新發明的創造能力！

我們發現有些學生空間能力薄弱，原因是童年時期欠缺有助於發展空間能力的經驗。兒童如果花很多時間拆解東西然後再重組回去，通常能發展出較強的空間能力。從事某些體育項目也有幫助。以籃球來說。球員必須想像從球場的各個角度投球時，分別需要怎樣的弧線才能把球投入籃框。

然而，就算你小時候沒做這些事，現在開始也還不遲。空間能力是成年以後仍然可以鍛鍊出來的——你只需要練習、練習、再練習。

你該怎麼做？你可以仔細描繪一件物品，然後換個角度再畫；你可以玩3D電腦遊戲；你可以組立體拼圖（你也許得先從平面的拼圖開始！）；你可以把衛星導航系統關掉，只用地圖來指引路線。最重要的是，千萬不要放棄——只要不斷練習，終會看到成果！

{第 11 章}

更多幫助記憶的祕訣

生動的視覺隱喻有助於記憶

如果你不只想記住數理觀念，也想理解它們，**最好的方法是建立譬喻或類比**——而且越有畫面，效果越好（註一）。所謂建立譬喻，就是找出一件事與另一件事之間的相似之處。例如一位地理老師曾描述敘利亞的形狀像一碗燕麥粥，而約旦（Jordan）則像籃球明星喬丹的耐吉球鞋（Nike Air Jordan）；這樣簡單的譬喻讓學生聽過之後很多年都不會忘記。

如果你想了解電流的概念，可以在腦中想像水流的畫面。你也可以透過壓力來「感受」電壓：電壓推動電流的方式，就像機械式幫浦運用物理壓力推動水流。等你更深入學到電的原理，你可以調整你的比喻，或者乾脆重新設計更有意義的類比。

如果你想理解微積分的極限觀念，你可以想像一名跑者朝向終點線邁進，越逼近終點線，跑者的速度越慢——就像慢動作攝影鏡頭那樣，跑者永遠不會真正衝破終點線，我們也永遠不會達到真正的極限。在此順帶一提，席瓦尼斯・湯普遜（Silvanus Thompson）所寫的小書《簡易微積分》（*Calculus Made Easy*），幫助了好幾世代的學子理解這個科目。教科書有時由於太過注重細節，而使你看不見最重要的整體觀念。像《簡易微積分》這類的小書很值得一看，因為它們幫助學生以簡單方法專注於最重要的議題。

此外，也可以把你自己想像成你正在試著理解的觀念；假裝你自己就是一粒電子，在銅線裡頭流竄；或者偷偷躲到代數方程式的 x 裡頭，想像把頭鑽出兔子洞會是什麼感覺。（只要不粗心大意出現「除以零」這種情況就好，以免把腦袋炸破。）

在化學領域中，你可以把「陽離子」（cation）想像成「帶爪子」（paw）的貓（編按：陽離子前三字母是 cat），所以陽離子是帶正電荷的（編按：在這裡原文為「pawsitive」，跟「positive」諧音）；陰離子（anion）則帶負電荷，因為它很像是讓你流眼淚的洋蔥（onion），所以是負面的。

譬喻不可能無懈可擊。話說回來，科學界的每一個理論模型都只是譬喻，總會在某個地方失靈（註二）。但是別管什麼完不完美了，譬喻（和模型！）是極其重要的方法，它可以幫助你具體理解你正在學習的數理核心概念。

而且，譬喻和類比也可以幫助人們跳出思考僵局——也就

月光和讀書的夢

「我總會在睡前讀一點書。不知道為什麼，我常常夢到睡前讀過的內容。這些『讀書的夢』多半光怪陸離，不過很有幫助。譬如說我上作業研究這門課時，會夢到自己在節點之間奔跑，想要找出最短路徑。有人說我瘋了，但我覺得這樣很棒；這表示我不必像其他人那樣用功。我想，這些夢境就是潛意識在進行類比。」

——安東尼．休托（Anthony Sciuto），工業與系統工程學大四學生

科學中的隱喻與意象化

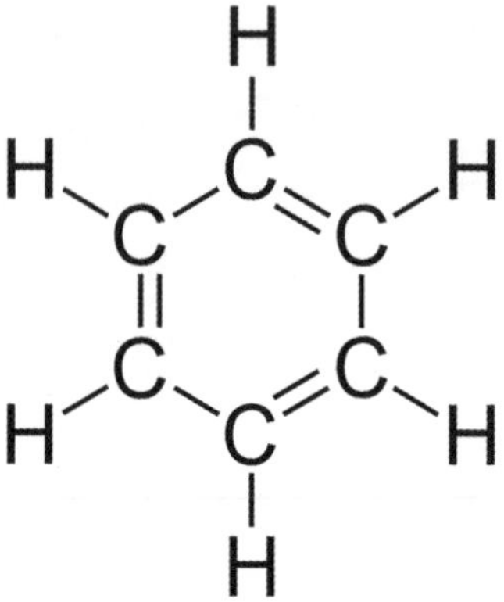

「隱喻」(metaphors) 與「意象化」(visualization)，指的是用心靈之眼去看事物，這種方式對於推動科學界與工程界向前邁進，可說是極為獨特的力量。譬如到了十九世紀，化學家開始運用想像力，將分子的迷你世界以具體形象描繪出來以後，這個領域開始出現重大進展。這裡有一張象徵苯環的圖，這張可愛的猴群圖發表於一八八六年，是圈內人士對於德國化學學界的挖苦。圖裡，猴子手拉手，象徵的是單鍵結構，尾巴勾尾巴，則代表雙鍵結構。

是解題時因為錯誤思維而陷入的困境。好比說，一個有畫面的「士兵們從四面八方同時攻擊堡壘」這樣一個小故事，就能打開學生創意，頓時聯想到這就像許多低強度的放射線可以有效殺死惡性腫瘤。

建立譬喻，也可以讓觀念跟大腦緊密黏合，因為它們把腦中原有的神經結構建立起連結。譬喻就像是在透明描紙圖上描摹圖案，至少能幫助你理解大致內容。想不出譬喻的時候，你不妨信筆塗鴉，不管是文字或圖畫，只要醞釀個一兩分鐘，結果往往讓你大吃一驚。

重複練習，間隔練習

你集中注意力的時候，會將某個想法暫時放入大腦的工作記憶區。若要把那個「想法」從工作記憶轉存到長期記憶，必須符合以下兩個要件：首先，這個想法必須令人難忘（一頭碩大的飛驢在我的沙發上嘎嘎地喊著：f = ma）；其次，它必須重複出現。若沒有上述兩要件，那些剛剛形成的、還很模糊的神經連結，就會被那好比小小吸血鬼似的新陳代謝過程給吸得精光。不過，那些模糊的神經模式被吸血鬼吸乾，其實是好事。生活裡的絕大多數事情都是微不足道的小事，如果你大小事情都得記住，你最後會像個撿破爛的人，被堆積如山的無用記憶所圍困。

重複練習是很重要的；就算你製造了難忘的記憶，還是得靠著複習來讓它牢牢刻在長期記憶中。但是，**需要複習幾次才夠？該間隔多久再複習一次？有沒有方法可以增加複習效果？**

以上這些疑問，可以從科學研究裡得到建設性的洞見。舉個實際的例子來說。假設你想記住跟「密度」有關的內容：一是，密度的象徵符號是模樣好笑的 ρ（讀做「row」），二是，衡量密度的標準單位是「公斤／立方公尺」。

有什麼方便又有效的方法能讓你牢牢記住這些嗎？（你如今應該已經知道，在長期記憶中放入這類小小的資訊組塊，可以幫助你逐漸對這個科目產生全面性的理解。）

如果你不回頭複習你想要記住的內容，那麼你腦中相關的神經模式還沒來得及強化、鞏固，就被「新陳代謝吸血鬼」吸得一乾二淨了。

你可以拿一張索引卡（圖書館常用來編製資料的卡片，如明信片一般大小），在卡片正面寫下「ρ」，在卡片另一面把其他資料寫下來。書寫似乎有助於更深刻的編碼（也就是把學習內容轉換成神經記憶結構）。當你寫著「公斤／立方公尺」這幾字的時候，你也許可以想像有個一公斤重的物件（感覺一下那個份量！），潛伏在一個邊長剛好一公尺的行李箱裡。把你想記住的內容變成好記的畫面以後，就能很容易回想起來。你也可以大聲讀出字句，講出它們背後的意義，以便在腦中建立有關這些內容的聽覺掛勾。

製作卡片之後，你盯著寫了「ρ」的這一面看，同時回想，看你是否記住了卡片另一面的資料。如果想不起來，就把卡片翻過來，看一遍資料。假如你已記住了，就把卡片收起來。

然後，你就去做別的事——別的什麼事都好，也許可以再寫一張卡片，並且自我測驗。如此這般進行。等到你手上有了好幾張卡片，請從頭到尾試一遍，看你是否全部記住了。（這也幫助你進行交錯練習。）如果這個過程對你來說頗有困難，別擔心。待你把這幾張卡片都好好兒練習一番之後，把卡片收起來，直到晚上睡覺之前再拿出來複習。（別忘了，大腦會利用睡眠時間複習神經模式，拼湊出問題解答。）

接下來幾天，快速複習你要記住的內容。也許每天早晚各花幾分鐘看一遍，並且偶爾變動卡片的次序。等到你記住以後，再把複習的間隔時間拉長。（達到一定程度的熟練之後，延長複習的間隔，可以鞏固記憶。）（像是 Anki 這類的學習卡系統，內建了運算程式，讓字卡在間隔幾天或幾個月之後反覆出現。）

延伸說一點有趣的：想要記住人名時，最好的辦法就是在聽過這名字之後，偶爾回想它，一次一次拉長回想的間隔時間。沒有加以複習的內容，很容易變模糊，甚至完全磨滅；新陳代謝吸血鬼會吸乾跟記憶相關的一切連結。正是因為這樣，所以你在準備考試的時候如果打算跳過某些內容不複習的話，要很小心：你對於你沒有複習的東西，記憶會變模糊。

教授也愛用間隔式記憶法！

「我一直勸學生，每隔幾天或幾星期要複習一次。不只是上我的分析課程要複習，上我的古代工程史也要複習。想要記住奇怪的人名或專有名詞，最好的辦法就是用好幾天來反覆練習。事實上我自己就是這樣子在備課的，我會花幾天時間反覆朗誦這些詞彙，這樣一來我講課的時候就能說得很流暢。」

——費邊・法帝皮諾・譚（Fabian Hadipriono Tan），俄亥俄州立大學土木工程學教授

◆換你試試看

創造比喻，幫助學習

想一個你正在學習的觀念。你能不能在另一個截然不同的領域找到某種程序或觀念，跟你正在學的這個觀念有某種相似性？試著找出一個有用的譬喻。（如果找到一個帶點傻氣的譬喻，更是加分！）

建立有意義的群組

還有一個重要的記憶法：**創造出可以簡化內容的有意義群組**。好比說，你想記住四種可以阻擋吸血鬼的植物：大蒜（garlic）、薔薇（rose）、山楂（hawthorn）、芥菜（mustard）。這四個英文字的字首縮寫是GRHM，所以你可以用「GRAHAM」這個牌子的全麥消化餅乾來記。（你從記憶宮殿裡的廚房餐桌上拿起餅乾，撢掉母音字母，就行啦！）

把數字跟某個值得紀念的事件掛勾，數字就會好記得多。舉例來說，一九六五年是你某個親戚的出生年份。或也可以用你熟悉的數值系統來聯想。例如11秒是百米賽跑的好成績，75是打毛線帽的起針針數。我個人喜歡把數字跟我在那一個年紀曾出現的感受連結在一

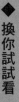

起：18這數字很好記，那是我離開家、踏入世界的年紀。到了104歲，我會是個老邁而幸福的曾祖母。

許多學科則利用好記的口訣幫學生記住觀念；口訣中這句話的每一個字的字首，就跟需要記得的一系列單字字首相同。醫學系裡充滿各式各樣的口訣，其中有些沒那麼不雅，像是「有些戀人嘗試他們應付不來的體位」（Some Lovers Try Positions That They Can't Handle；用來記憶八塊腕骨的名稱），還有「德州來的老頭吃蜘蛛」（Old People from Texas Eat Spiders；用來記憶顱骨名稱）。

另一個例子是十進位的位碼：亨利國王喝巧克力奶噎死（King Henry died while drinking chocolate milk）。K是千（kilo-）、H是百（hecto-）、D是十（deca-），句中的「while」代表一、第二個D是0.1（deci-）、C是0.01（centi-）、M是0.001（milli-）。

經過時間證明，這種記憶方法極為有效。假如你要背誦的是常見資料，不妨上網搜尋是否有人發明了特別好記的口訣，若沒有，就自己發明吧。

別把記憶訣竅與真正的知識混淆

「化學界有個口訣：『skit ti vicer man feconi kuzin』，唸起來有饒舌歌的味道。它代表週期表第一列過渡金屬元素：鈧（Sc）、鈦（Ti）、釩（V）、鉻（Cr）、錳（Mn）、鐵（Fe）、鈷（Co）、鎳（Ni）、銅（Cu）、鋅（Zn）。記下第一列之後，你可以用別的訣竅，在空白的週期表上填入其餘的過渡金屬。例如有些學生會記得把銀（Ag）與金（Au）跟銅放在同一個縱行，因為金、銀、銅都可以用來鑄造錢幣。

「然而，遺憾的是，有些學生誤以為這個幫助記憶的方法正就是這幾個元素為何會被擺在同一縱行的原因。但真正的原因是金銀銅都具有類似的化學屬性和價數。

「像這種把記憶訣竅當成實際知識的情況，千萬要小心。別讓輔助記憶的譬喻混淆了實際狀況。」

——威廉・沛卓（William Pietro），安大略省多倫多市約克大學化學系教授

編造故事有助於記憶

前面提到的群組，通常是透過一個故事來創造意義，即便故事可能很短（你瞧：可憐的亨利國王真不該喝那杯巧克力奶！）說故事，自古以來就是一種用來理解內容、增進記憶的重要方式。約克大學的科學與科技史學家薇拉・帕維立(Vera Pavri)教授，叫學生別把上課當成上課，而是當成來聽一場有情節、有人物也有整體寓意的故事。最好的數理課程往往會設計像是推理劇一般的情節，以一個引人入勝的問題為開端，讓你不由得想一探究竟。如果

你的老師或課本提出問題的方式沒能引發你想要一探究竟，你不妨自行設計題目，然後著手解題。在創造記憶訣竅的時候，別忘了故事的重要性（註三）。

肌肉的記憶與運動

我們說過，以手寫方式書寫索引卡，似乎有助於鞏固記憶。關於這領域的相關研究很有限，不過許多教育工作者都發現，手寫似乎能產生某種肌肉記憶。舉例來說，你剛學到一個數學方程式，它看起來毫無道理。不過如果你在紙上仔細把這公式抄寫個幾遍，你會發現這式子開始在你腦中產生意義。同理，有些學習者發現，大聲朗讀題目或公式可以增進理解。但是小心別矯枉過正，竟然跑去抄寫一百遍公式。抄寫個幾次可能很有用，不過一陣子之後抄寫就成了機械式的練習——你該把時間拿去做別的事。

手寫就對了！

「學生來找我幫忙時，我最先強調的就是一個觀念：手和大腦之間有直接連結，而重新謄寫並且整理筆記，可以把大量的資料切分成較容易吸收也比較小的組塊。許多學生偏好以打字方式把筆記整理成文書檔案或投影片。這類的學生遇到學習困難的時候，我給的第一個建議就是要他們別再打字，而改用手寫筆記。（照著去做的）每一個人到下堂課都出現進步，毫無例外。」

——傑生．德盛特（Jason Dechant）博士，匹茲堡大學護理學院，健康推廣與促進課程主任如果你真心希望加強記憶力和整體學習能力，最好的方法似乎是運動。最近有許多動物和人體實驗發現，**定期運動可以大幅提升記性和學習能力**。運動似乎可以在有關記憶的腦部位中製造新的神經元，同時創造出新的信號傳遞路徑。不同的運動型態（例如跑步或走路相對於重量訓練）可能會造成稍微不同的分子效應。但是不論有氧運動或阻抗運動都對學習與記憶產生類似的重大效果。

自言自語的效用

「我經常告訴學生，與其反覆閱讀和劃重點，不如跟自己對話。聽我這樣說，他們滿臉困惑，彷彿我徹底瘋了（這倒是可能發生的事）。不過後來許多學生對我說，這種方法如今成為他們的讀書工具，確實有效。」

——迪娜・三善（Dina Miyoshi），聖地牙哥梅薩學院心理學助理教授

記憶工具加速組塊的形成

簡單一句話：藉由圖像來學習，而不是只用文字來記憶內容，你更快能躍升為高手。換句話說，學會用圖像處理數理觀念，是讓你成為數理高手的強效方法。而其他的記憶訣竅，則能大幅增強你的學習能力和記憶力。

凡事講求正統的人，也許會對記憶訣竅嗤之以鼻，認為套用那些記憶花招算不上真正的學習。但是研究顯示，懂得運用訣竅的學生，成績比其他學生好。此外，大腦影像研究顯示，這類記憶工具能加速形成記憶組塊和宏觀視野，幫助新手更快躍升為專家——甚至可以在幾星期內就達成。記憶訣竅可以增強工作記憶，更快速提取長期記憶中的資訊。

此外，更棒的是，記憶過程本身就是一場創意練習。若你經常使用這類創新的方法來輔助記憶，你會變得更有創意。這是因為，即使你還只是在設法消化新觀念，這時也已經在為日後的連結製造了瘋狂而意想不到的可能性。多多練習這類的「記憶肌肉」，你的記憶力就會越來越強。一開始你也許得花十五分鐘才能替公式設想出一個畫面，嵌入你記憶宮殿裡的某一處；久而久之，說不定你只要幾分鐘或甚至幾秒鐘就能完成類似的任務。

你也會明白，當你開始嘗試吸收觀念，若你先用一點時間記住關鍵重點的話，可以幫助你理解得更深入，使那些公式顯得更有道理，而你在考試和日常生活上可以把公式運用自如。這樣的效果不是光靠查書可以比擬的。

有人研究演員背台詞的方法，發現演員不會拿著劇本逐字背誦，而是設法理解角色的需求和動機，藉此記住台詞。同樣的，你背公式的時候，最重要的是去理解公式和解題步驟的意義。**理解，是記憶過程中很重要的一環**。

你也許會抗議，推說自己沒有創意：公式和理論哪能有什麼堂皇的動機或是難搞的情緒需求來幫助你理解和記憶？若你這樣想，請你要記得你還有一顆赤子之心，如孩童般的創造能力還存在你的身體裡——你只是需要重新找回這份心。

◆換你試試看

有助於學習的歌

編一首歌，幫助你記住課堂上要用的一條恆等式、積分或科學公式。不論用什麼招數，只要能記下這些重要觀念，複雜的題目就能夠迎刃而解。

記憶訣竅確實有效

「我除了工學院的課業之外，還準備報考緊急醫護人員。（今天離考試時間只剩兩個月！）我必須記住大量藥品名稱，還得去記成人與幼童的使用劑量各是多少。一開始我簡直招架不住，但用藥是人命關天的事。我很快發現一些可以幫助學習的小訣竅。譬如說，服樂泄麥（furosemide）又叫做來適泄（Lasix），是一種幫助身體排水的藥品。我需要記住藥品的劑量是40毫克；真是天賜的運氣！因為4-0這兩個數字正巧出現在藥品名稱中（4-0 semide = furosemide。譯註：4的英文為four，而0通常在口語中可以用字母o代替）。就是這類的訣竅幫助我們牢牢記住觀念與知識。我現在可以不假思索就說出這個藥品的正確劑量。真的太棒了。」

——威廉．寇勒（William Koehler），機械系大二學生

本章重點整理

- 使用譬喻，有助於更快學會困難的觀念。
- 複習很重要；複習可以讓你把剛學到的記憶鞏固起來，免得它變模糊。
- 使用有意義的群組或縮寫，可以簡化你正在學習的組塊，讓組塊更容易貯存於記憶中。
- 故事（即便只是搞笑的記憶花招），可以讓你更容易記住正在學的觀念。
- 書寫並朗讀學習內容，似乎能加深記憶。
- 運動可以幫助製造神經元和新的連結，效果強大。

停下來回想

還記得前面說過的，偶爾走出平常的讀書環境，去別的地點回想學習內容，可以產生重大效果。當你要回想本章的重點時，請採用這個技巧。人們偶爾藉由回想讀書環境所造成的感受——例如鬆軟的沙發椅，或者是咖啡館當時放的音樂、牆上掛的畫——來刺激記憶。

加強學習

1. 請拿出紙筆，信手寫字或畫圖，為你正在努力理解的數理觀念找一個譬喻。
2. 從你目前正在閱讀的數理書籍裡找出一個章節，設計一道你想要一探究竟的題目。
3. 臨睡前，在腦中複習你正在學的東西。如果要加強效果，隔天醒來之後再複習一遍。

[Part. 4]

如何學得更深入

{第12章}

欣賞自己的天分

養成直覺式的理解力

我們可以從運動得到許多啟發，從中體會學習數理的要領。以棒球為例，打擊能力不是一天可以練就的，肢體需要經過多年反覆練習，才能揮出完美的打擊動作。不斷的複習，製造了肌肉記憶，讓肢體光靠一個念頭（一個組塊）就知道怎麼做，不必細細回想擊球的繁複過程裡的每一個步驟。

同樣的，在學數學和自然科學的時候，你一旦弄清楚為什麼要運用某種解題方式，你日後就不需要每次一遇到類似題型都得重新對自己說明如何解題。你不必隨身攜帶一百顆豆子，一再排列出每行十顆、總共十行的豆子，才能算出 $10 \times 10 = 100$；學習乘法一段時間後，你就能從腦中得出這個算法。又好比你學到一個概念：「當相同底數的數字相乘，只要將指數（那些小小的上標記號）相加即可（$10^4 \times 10^5 = 10^9$）」，如果你大量練習，把它運用在不同類型的題目上，你會發現你既理解了這個概念的成因，也理解了怎麼計算，你這樣做會比只是聽老師講解或只讀書更能理解。為何能有如此透徹的認識？這是因為你的大腦自行建構了有意義的模式，而不是被動接受別人提供的訊息。請記得：**學習來自於想辦法自己理解所接收到的訊息**；光只是聽別人說，很難學會複雜的內容。（有位數學老師說過：「數

千萬不要緊張。向前揮動手腕。涵蓋整個本壘板。側立擊球。專心研判球進入本壘板的位置。出手時，先往後拉再向前揮。揮棒前先跨步。運用大腿與臀部的力量帶動揮棒。
是啦——這樣就能變成一名強打。最好是啦。

學習數理時，一旦弄清楚為什麼運用某種解題方式，就不需要不斷對自己說明如何解題。想太多，會使你的腦筋打結。

學不是一項消遣活動，必須參與，不能旁觀。」（一）

西洋棋大師、急診室醫生、戰鬥機飛行員和許多其他領域的專家，經常需要在彈指之間做出複雜的決定。他們關掉意識層，轉而仰賴他們已經訓練有素的直覺，從深厚的記憶組塊資料庫中汲取養分（註一）。在某些時刻，很有自覺地「知道」自己為什麼做出某種反應，這卻只會拖慢你的反應速度、打斷思路，導致較差的決策。

老師和各行各業的專家很可能在不知不覺間太過受制於規則。從一項有趣的研究中，看到一段影片，影片裡有六個人在執行心肺復甦術的過程；其中只有一人是專業的急救醫護人員。研究者要求受試的醫護人員看影片，指出影片中哪一個人受過專業訓練。這些「貨真價實」的醫護專家裡面有九成都猜錯了，甚且說出「那個人看起來很有把握」之類的評語。另一方面，受試的心肺復甦術教練裡面，只有三成能正確指認。這些雞蛋裡挑骨頭的理論派，批評影片中那位真正的專業人員說他沒有暫停下來，先量一量手掌的位置。對於教練們來說，分毫不差地遵守規則比實用性更為重要。

不必嫉妒天才

奧運選手不是光靠週末慢跑幾個小時，或者閒暇時刻練一練舉重就能培養出運動實力；西洋棋大師不是靠臨時抱佛腳來建立腦中的神經架構。相反的，他們的知識基礎是靠長年累月大量練習，逐漸對學習內容產生全面的理解。長期且大量的練習，能將記憶痕跡牢牢刻入長期記憶的倉庫裡；在需要時便可快速而輕易地喚出這些神經模式（註二）。

讓我們回頭說一說那位思路敏捷的西洋棋大師，麥格努斯．卡爾森。卡爾森熟記前人下過的數千種棋局，他只要瞥一眼棋盤上的殘局，立刻可以說出這是來自幾百年前哪一年、幾萬局棋局裡的哪一盤棋。換句話說，卡爾森的腦子裡建立了浩瀚的組塊資料庫，存放著各種可能的解決模式。他可以快速掃描腦中的記憶組塊，查看前人面對類似情況時會如何解決。

卡爾森這樣的本領並不獨特，不過他確實技壓眾人，只略遜於古今以來少數幾位不世出的西洋棋天才而已。舉凡大師，通常至少得苦練十年、潛心學習，在腦中建立數千種記憶組塊模式。這些隨取隨用的模式，使他們比業餘選手更快就能洞悉任何一局的關鍵；他們培養出專業的眼力，憑直覺就能快速找出任一情況下的最佳對應之道（註三）。

等一下，這樣說的意思是，西洋棋大師和那些能心算六位數乘法的人，並不是天賦異稟嗎？不盡然如此。容我直言——智力確實很重要；聰明的人通常有比較大塊的工作記憶空間。你的超強記憶也許能夠存放九組內容，而不是只有四組；而且你能像鬥牛犬似的緊咬住記憶不放。這樣的記憶力讓你在學習數理時，比別人更輕鬆愉快。

但是，你猜怎麼著？這種記憶力也會使你更難發揮創意。

何以如此？

知識不是重點，思維能力才是王道

「我從經驗得知，GRE高分跟最後的事業成就之間，幾乎呈現逆相關的關係。真的。許多（GRE成績）吊車尾的學生後來事業飛黃騰達，反倒是為數驚人的天才人士出於種種原因卻半途而廢了。」

——比爾·賽特勒（Bill Zettler）博士，生物學教授，資深導師，年度師鐸獎得主

佛羅里達大學，佛羅里達州甘茲維爾市

問題就出在我們的老友兼宿敵——定勢效應。腦中的預設立場，阻擋了全新的思維。超強的記憶可以緊緊抓住一個想法，導致新的想法很難冒出來。這種受到嚴密控制的專注力，偶爾需要用天馬行空的幻想來透氣。這是一種本事：在只想專注的時候還可以轉移注意力。你那可以解決複雜問題的能力，說不定就造成你在遇到簡單問題時想得太多，一心探索曲折的解答，而忽略了較為顯而易見的簡單答案。研究顯示，聰明人比較容易纏繞在複雜事物裡，看起來沒那麼聰明的人，反而能夠較快切出一條路，找到簡單的答案。

如果你也是以下這種人：腦子裡沒辦法同時塞太多東西、上課容易分心、做白日夢，而且必須在安靜的環境才能專心、才能讓工作記憶發揮最大效果——歡迎你加入創意人家族。你的工作記憶的空間較小，這意味著你比較容易根據所學內容形成一般性的概念，製造新的也更有創意的組合。由於工作記憶（源自於前額葉的專注能力）並未緊抓住所有訊息，所以你可以更輕易地銜接大腦其他部位。這些部位（包括感覺皮質層）不只對於環境更敏銳，也是夢和創意的來源。有時候（甚至可能是大多數時候），你得很努力才能學會一件事情，可是一旦你學起來了（建立了記憶組塊），就能夠很有創意地把組塊翻來轉去，超乎自己預料！

智商高低不是一切

再談另一項事實：在西洋棋這塊戰場，原本是高級腦袋競逐的地方，然而有幾位極為傑出的棋手，他們的智力只是一般水準。這些智商平平的人透過不斷練習，最後棋力可以勝過智商更高的選手（註四）。重點來了：西洋棋手不論平庸或優秀，都要透過練習來發展他們的資質。練習——尤其是針對最困難的部分進行刻意練習——可以把平庸的大腦提升進入資賦優異的世界。就像長期練舉重可以鍛鍊肌肉，你也可以藉由練習特定的神經模式，來讓你的心智變得更深更廣。有趣的是，練習似乎有助於增強工作記憶。研究人員發現，把數字倒過來背誦，逐次加長數字位數，這種練習似乎能促進工作記憶。

資賦優異的人倒也有他們自己的問題。天資特別高的孩子有時容易受人欺負，因而學會了隱藏或壓抑他們的天分。而失去的天賦恐怕很難再找回來。此外，聰明的人有時因為太容易看到事情的各種複雜性而陷入掙扎。極端聰明的人，比智力平凡的人更可能拖拖拉拉，因為他們從小到大總是可以在最後一刻急就章把事情做完，這意味著他們比較難及早學會某些關鍵的生活技能。

不論你是天資過人，或是得抓破腦袋才能搞懂基本觀念，你都要知道：不是只有你覺得自己是冒牌貨的人——你覺得自己考得好是僥倖，下次考試一定瞞不過別人，家人或朋友一定會看穿你有多麼無能。這種感覺很常見，常見到它有個專屬名稱：「冒牌者症候群」（impostor phenomenon）（註五）。如果你有這種自覺無能的毛病，別擔心，很多人私底下都有同樣的感受。

每個人的天賦都不同。古老諺語說得好：「上帝給你關上了一扇門，就會開啟另一扇窗。」挺起你的胸膛，雙眼直視那扇為你敞開的窗。

追求無限

有些人認為，發散的直覺式思維比較符合我們的靈性。經由發散思維激發出的創造力，有時似乎超越人類的理解範疇。

愛因斯坦說過：「人有兩種方法過生活；一種是看什麼都覺得平凡無奇，另一種則將萬事萬物視為奇蹟。」

不要妄自菲薄

「我指導我們學校的科學奧林匹克競賽代表隊。過去九年來，我們拿下八次州冠軍，唯獨今年以一分飲恨；而且我們最後往往擠進全國前十名。我們發現，許多看似頂尖（每一門課都拿到A+）的優等生，在科學奧林匹克競賽這種壓力下的表現反而不如那些腦筋靈活、懂得運用知識的學生。有趣的是，這些第二排的學生（如果你要這麼稱呼他們），有時會認定自己不如優等生聰明。不過，我寧可錄用這些成績較差、但是能臨機應變的學生（在奧賽競逐必須懂得應變），而不是那種一旦題目不符合他們記憶就慌張失措的頂尖學生。」

——馬克・波特（Mark Porter），加州沙加緬度米拉洛瑪高中生物老師

本章重點整理

- 到了某種時候了，你的手中（及腦中）牢牢掌握一組已經形成記憶組塊的內容，大腦就會開始放鬆對細節的覺察，下意識地完成工作。
- 跟領悟力超強的同學一起讀書，可能會令你卻步。但是若說到進取心、貫徹力和創造力，「中等」學生有時更強。
- 創造力有一個關鍵：能不能從全神貫注的狀態，切換到放鬆而天馬行空的發散模式。

・過於刻意要求專心，可能反而阻礙你找到答案——就像拿著鐵鎚敲螺絲，卻一直以為那是根釘子。一旦遇到了瓶頸，有時最好暫時放下問題，先去處理別的事，或者乾脆留到隔天再解決。

停下來回想

闔上書本，別過頭去。這一章的重點是什麼？也請停下來想一想，這本書到目前為止的核心概念是什麼？

加強學習

1. 你在生活的哪一個領域裡，曾經由於堅持而得到了回報？現在你是否希望開始在哪一個新的領域培養毅力？萬一你信心動搖了，你有什麼備用計畫嗎？
2. 人們經常阻止自己做白日夢，因為白日夢妨礙了他們真正想專注的事——例如聽一堂很重要的課。以下哪一種方法對你比較有用：強迫自己維持專心，或者是發現自己分心了再設法把注意力拉回當下在做的事？

從學習遲緩到光芒四射

尼克．艾波雅(Nick Appleyard)是一家高科技公司的美國事業部負責人，該公司發展並支援尖端的物理模擬工具，服務對象包括航太、汽車、能源、生物醫學等產業。他畢業於英國雪菲爾大學，主修機械工程。以下是他的故事：

成長過程中，我被貼上學習遲緩的標籤，因此也成了問題兒童。這些標籤深深影響了我。我覺得老師對我彷彿不抱一絲希望。而父母親也越來越對我和我的學業灰心。父親的失望讓我感受最深；他是資深醫生，任職於教學醫院（我後來才知道，父親早年也有同樣的學習障礙）。這樣形成的惡性循環，在生活各個層面打擊我的自信。

我的問題出在哪裡呢？出在數學，跟數學沾上邊的一切——分數、九九乘法表、除法、代數，你說得出來的一切。數學太乏味了，而且我覺得它毫無用處。

有一天，事情出現變化，不過當時我渾然不覺。父親帶了一台電腦回家。那之前我聽說了有幾個十

幾歲的年輕人在家裡寫電腦遊戲，造成轟動，然後一夜致富。我也想變成那種人。

我開始讀書、練習、撰寫程式，越寫越艱深。這些程式或多或少都用上了數學。後來，英國一份很紅的電腦雜誌接受我的投稿，發表我寫的程式。這讓我欣喜若狂。

如今，我每天看見數學如何運用於設計新一代汽車、協助發射火箭進入太空、分析人體的運作方式。

我不再認爲數學毫無用處，相反的，數學是奧祕的根源——也是一份偉大事業生涯的起點！

{第13章}

大腦可以重新塑造

十一歲的桑迪亞哥・拉蒙・卡哈爾（Santiago Ramón y Cajal）又犯下罪行，這一次，他用自製小型加農砲把鄰居最近蓋好的雄偉木質閘門炸成碎片。在一八六〇年代的西班牙鄉下地區，怪胎少年罪犯沒有太多選擇；年輕的卡哈爾於是被關進跳蚤肆虐的牢房服刑。

卡哈爾既倔強又叛逆，他只對一件事懷有無法自拔的狂熱：藝術。但，畫畫不就是線條和色彩，能怎樣嚴重？喔，卡哈爾可以為了畫畫、完全不管其他——尤其不理會他認為毫無用處的數學和自然科學。

卡哈爾的父親胡思托先生行事嚴厲，他白手起家，含辛茹苦帶大了卡哈爾。他們家顯然不屬於上層貴族。胡思托先生想讓兒子得到他很需要的管教和安定，就把他送去理髮院當學徒。事與願違，卡哈爾變本加厲，樂得把功課完全拋到腦後。老師揍他、罰他餓肚子，想讓他因此痛改前非，但是卡哈爾蔑視紀律、無法管教。他是老師的惡夢。

誰能料到有朝一日，桑迪亞哥・拉蒙・卡哈爾獲頒諾貝爾獎，更被視為現代神經科學之父呢？

改變想法，扭轉人生

桑迪亞哥・拉蒙・卡哈爾到了二十歲出頭，才脫離他惹是生非的小混混生涯，進入傳

桑迪亞哥·拉蒙·卡哈爾曾獲諾貝爾獎殊榮。他在神經系統結構與功能方面的認識，到今日還影響我們對此學科的理解。與其說他是科學家，照片裡的卡哈爾更像個藝術家，眼神裡還閃爍著一股自孩提時代就使他不斷闖禍的淘氣。

卡哈爾一生結識了許多卓越的科學家，與那些比他聰明得多的人合作。然而，卡哈爾在他發人深省的自傳中指出，傑出之士能有傑出表現，但是他們也和常人一樣會粗心、抱持偏見。卡哈爾認為他自己的成功關鍵在於堅持（他說這是「庸才的美德」），加上他有彈性，可以改變想法、承認錯誤。這一切成就的背後，有賴愛妻席薇亞·凡妮雅納斯·賈西亞的支持（夫妻倆育有七名子女）。卡哈爾指出，再怎麼資質平庸之輩也可以塑造自己的大腦，就連最沒天分的人都能產生豐碩成果。

統的醫學研究領域。卡哈爾本人猜想，也許他的頭腦只不過是「厭倦了遊手好閒和脫軌行為，準備安頓下來」。

研究證據顯示，髓鞘（Myelin sheath，包裹在神經元外面、能夠加快神經訊號傳導的脂肪絕緣組織），往往到了二十多歲才會發育完全。這或許可以解釋為什麼青少年常常無法控制他們的衝動行為——因為他們的念頭和控制區域之間還沒有完全連線。

「努力不懈與專心致志可以彌補天賦的不足。不妨這麼說：努力可以取代才華，更棒的是，努力甚至可以創造才華。」——桑迪亞哥・拉蒙・卡哈爾

若你使用了那些神經迴路，似乎也就是在幫助製造髓鞘，也更可以產生其他許多細微的改變。練習，可以加強並鞏固大腦不同部位的連結，在大腦的控制中心和儲存知識的區域之間搭起一條高速公路。以卡哈爾的例子來說，他的發展成熟過程，加上他自己在培養思維能力方面的努力，似乎幫助他掌控了自己的整體行為（註一）。

當人們多多練習那些使用了某些神經元的思維，似乎可以強化這些神經迴路的發展（註二）。科學界對於神經發展的理解還處於初期階段，不過有一項事實已逐漸明確：藉由改變思維方法，可以大幅重塑大腦。

卡哈爾的故事特別有趣的地方是，他儘管不是天才——起碼不是傳統定義上的天才——卻仍然成就了一番偉業。卡哈爾向來感到遺憾他自己欠缺「敏捷、明確、清晰的語文能力」，他甚至只要一激動就完全失去措辭能力。他沒辦法靠著背誦的方式記住事情，因此鸚鵡學舌式的學校教育讓他極為痛苦。卡哈爾頂多只能理解並記住重要觀念；他常常對於自己有限的理解能力感到絕望。然而，當代神經科學研究最令人興奮的幾個領域，都源於卡哈爾當初的開創性發現。

卡哈爾後來回憶，他的老師對於能力的評估採用一套可悲的錯誤價值觀：反應快被視為聰明；記性好被當成有能力；順從才是合宜的行為表現。像卡哈爾這樣克服種種「缺陷」獲得成功的例子使我們明白，老師多麼可能低估了學生——而學生則低估了自己。到今日仍然如此。

讓記憶組塊變深厚

卡哈爾斷斷續續完成了醫學院學業。他以軍醫身分前往古巴歷險一番之後，幾次參加競爭激烈的教師考試，最後終於當上了組織學（histology）教授，專門研究生物細胞的微觀結構。

他在研究腦部與神經系統細胞的期間，每天早晨仔細準備顯微鏡玻片，花好幾個鐘頭聚精會神觀察經過染色顯影的細胞。卡哈爾依照心中的抽象畫——也就是早晨的觀察留下的記憶——開始動筆畫細胞圖。畫好後，卡哈爾對比他所繪製的圖形和顯微鏡裡看到的影像，然後回到製圖桌上，重新畫過，檢查、再重畫。他非要到畫出了整體精髓——不是只有一張玻片，而是有關特定細胞種類的全套玻片——才願意停歇。

卡哈爾也是攝影大師，他是第一位以西班牙文著書討論彩色攝影技巧的人。然而，他覺得攝影無法捕捉他所見到的真正本質，唯有繪畫才能摘取實體物質的精髓（也就是建立記憶組塊），最能幫助其他人看見事物的本質。

一項經過綜合的結論（也可說是摘要、記憶組塊或者要旨），就是一種神經模式。良好的記憶組塊所建立的神經模式，不但能跟同一學科的其他內容相互呼應，也能跟其他學科或生活中其他領域產生共鳴。歸納的過程能幫助我們跨領域觸類旁通；這正是為什麼偉大的藝術、詩歌、音樂和文學如此引人入勝。當我們掌握了一個組塊，組塊便在我們腦中產生了新生命——我們建立的概念，可以強化並啟發腦中既有的神經模式，讓我們輕鬆便能見到或發展出其他相關的神經模式。

我們一旦在腦中建立了記憶組塊神經模式，就可以把組塊模式傳達給別人知道——就像卡哈爾與千年來的偉大藝術家、詩人、科學家和作家所做的。等到其他人也掌握了這個組

從圖裡可以看見，左邊的組塊（搖曳起伏的神經緞帶），跟右邊的組塊非常相似。這裡象徵的概念是：掌握了某一學科的一個組塊之後，可以輕鬆理解另一個學科的組塊。好比說，同一套數學概念可以運用到物理、化學和工程等不同領域——有時也可以運用在經濟學、商學和人類行為模式上。這說明了為什麼主修物理或工程的學生，比文史科系的學生更容易拿到商學碩士學位。

透過譬喻和類比所建立的記憶組塊，甚至能讓南轅北轍的概念之間產生激盪。很多熱愛數學、科學和工程的人，經常很訝異自己能從體育、音樂、語言、藝術或文學的活動得到啟發。我自己對於語言學習的認識，就幫助了我學會如何學習數學與自然科學。

塊，他們不僅能加以使用，還能建立類似的組塊，運用到生活的其他層面上——這是創造過程中非常重要的一環。

在數學和自然科學領域裡若要快速學習，要訣之一是先認知一件事：你所學的每一個觀念幾乎都可以在你已具備的某項知識中找到類比。有些類比或譬喻可能很粗糙，例如把血管比喻成高速公路，或者把核子反應想像成一片一片接連倒下的骨牌。但這些簡單的類比和譬喻是強大的工具，幫助你以既有的神經結構為架構，讓你更快速就建立起新的、也更複雜的神經結構。等你開始使用這個新的結構，你會發現它比第一個簡單的結構更好用；然後這些新的結構又變成基礎，進一步幫助你學習其他截然不同的概念。（這說明了為什麼物理學家和工程師在金融世界那麼炙手可熱。）舉例來說，研究粒子物理學卓然有成的物理學家伊曼紐·德爾曼（Emanual Derman），後來進了高盛公司（Goldman Sachs），催生了布雷克—德爾曼—托伊利率模型(Black-Derman-Toy interest-rate model)。德爾曼最後執掌該公司的量化風險策略部門。

本章重點整理

- 大腦的發育速度因人而異，有些人要到二十多歲才會發育成熟。
- 科學界有幾位出類拔萃的巨擘，年少時都曾經是看來無可救藥的問題少年。
- 科學、數學和科技業成功專業人士具備一項特色，他們能慢慢學會如何建立記憶組塊——也就是如何汲取主要概念。
- 用譬喻和類比來建立記憶組塊，能讓南轅北轍的概念之間產生激盪。
- 不論你目前從事或打算從事哪一行業，都請保持開放，務必將數學與理科放入你的學習單上。學習數理能在你腦中蘊藏豐富的組塊，幫助你以更睿智的方法解決生活或事業上的各種挑戰。

停下來回想

闔上書本，別過頭去。這一章的重點是什麼？如果能將書中的內容跟你自己的生活和事業目標相互印證，你會更容易記住這一章的主旨。

加強學習

1. 桑迪亞哥．拉蒙．卡哈爾找到了方法，把他對藝術的狂熱和對科學的熱忱結合起來。你是否知道其他類似案例，不論是知名的公眾人物，還是你周遭的親朋好友？你自己的生活是否可能出現這樣的交集？
2. 你如何避免想都不想就一口咬定「反應快的人比較聰明」？
3. 聽話行事，有好處也有壞處。請比較卡哈爾和你的生活。聽從別人的話，在什麼情況下對你有好處？什麼時候反倒出現問題？
4. 跟卡哈爾面臨的障礙相比，你所面對的限制比他輕微一些，或者更為嚴重呢？你可以找到方法化劣勢為優勢嗎？

{第 14 章}

方程式之詩與心靈之眼

詩人希薇亞・普拉斯（Sylvia Plath）寫過一段話：「走進物理教室的那一天，我即死去。」

曼茲老師黝黑而矮小，聲音尖銳而口齒不清。他身穿緊身的藍色西裝站在講台上，手握一顆木頭小圓球。他把圓球放入陡峭斜倚的溝槽，任由圓球滑落底部。然後他開始說話：讓a代表加速度，讓t代表時間。然後突然黑板上就寫滿了潦草的字母、數字、等號，就在這時我的心也死去了。

曼茲先生寫了一本四百頁的書，書中沒有一幅插圖或一幀照片，只有清一色的圖表和公式（在普拉斯這本半自傳性質的書裡是這麼說的）。這就好像你要欣賞普拉斯的詩，卻只能靠耳聞，沒機會親自拜讀。照普拉斯的說法，她是唯一一個成績拿A的學生，但她從此畏懼物理。

至於物理學家理查・費曼（Richard Feynman）的物理學概論課程就完全不同了。諾貝爾獎得主費曼，精力旺盛，熱情洋溢，閒暇時喜歡打拉丁小鼓，說起話來像是樸實的計程車司機，而不像愛掉書袋的知識分子。

他大約十一歲那年，一次跟朋友閒聊，這段談話對他產生了醍醐灌頂之效。他對朋友說，思考不過就是對自己的內在說話而已。

「噢，是嗎？」費曼的朋友說，「那你知道汽車上頭那個奇形怪狀的曲軸嗎？」

「知道啊，怎樣？」

「那好。你現在告訴我：你跟自己說話的時候，你是怎麼形容那根曲軸的？」

就在那一刻，費曼明白了思維可以是語言，也可以是意象。

他後來寫道，他在求學階段如何勉力想像電磁波（一種從陽光到手機訊號無所不在的、看不見的能量流）這一類的觀念。他說他很難描述他的心靈之眼所見到的事物。如果像他這般世界頂尖的物理學家都很難把（眾所公認很難想像的）物理觀念形象化，那麼我們凡人可該怎麼辦呢？

> 「數學無非是心智的詩，而詩無非是心靈的數學。」
>
> ——大衛·尤金·史密斯（David Eugene Smith），美國數學家兼教育家

寫一首方程式的詩

我們可以從詩的國度得到鼓舞和啟發。美國創作歌手強納森·庫頓（Jonathan Coulton）以知名數學家本華·曼德博（Benoit Mandelbrot）為靈感，寫了一首名為《曼德博集合》

（Mandelbrot Set）的歌。讓我們看看其中幾句饒富詩意的歌詞：

曼德博在天堂
他爲混亂賦予秩序，給絕境帶來希望
他的幾何成功解釋別人無法解釋的
所以如果你迷失了方向，一隻蝴蝶會拍著翅膀
從千里之外，小小的奇蹟會帶領你回鄉

庫頓這幾句飽含情感的詞句，捕捉了曼德博不凡的數學本質，勾勒出我們可以用心靈之眼看見的畫面——蝴蝶翅膀輕輕一搧，向外蔓延波動，其效應甚至牽動百萬英里以外的物事。

從曼德博創造的新幾何圖形，我們得以明白，有時候看似粗略凌亂的事物，例如雲朵和海岸線，裡頭也許蘊藏某種程度的秩序。視覺上的複雜畫面，可能出自幾條簡單的規則——神奇的現代動畫電影製作技術就是明證。庫頓的詩句也暗指了深植於曼德博幾何的核心觀念：宇宙中任何一個微小的變化，終將對萬物產生影響。

多咀嚼幾次庫頓的詩句，更能體會它跟生活各個層面的契合之處——隨著你更為熟悉

曼德博的思想，這些意義也會越顯清晰。

詩裡有隱含的意義，而方程式裡面也有涵義。如果你是新手，還沒學到如何領會符號背後的生命，那麼你看著每一道物理方程式都會覺得它是死的。唯有看見它裡面隱含的訊息，它的意義才會開始悄悄鑽動，最後冒出生命。

用心靈之眼去看

物理學家傑佛瑞・普倫提斯（Jeffrey Prentis）有一篇很經典的論文，他針對新進學生跟成熟物理學家看待公式的方式進行比較。在初學者眼中，一道方程式只是一個需要背下來的功課，跟其他幾千條毫不相關的方程式沒兩樣。然而，程度高的學生和物理學家可以運用心靈之眼看見程式背後的意義（包括這道程式如何融入整個大局），甚至能體會程式的環節帶來的感受。

「數學家若不具備詩人的氣息，絕不會成為完整的數學家。」

——德國數學家卡爾・威爾斯查司（Karl Weierstrass）

當你看到代表加速度（acceleration）的字母a，也許可以感受腳踩在汽車油門的壓力。「束」的一聲！汽車加速的力道把你往後推，身體壓在椅背上。

每一次看到a這個字母都得在腦中出現這樣的感受嗎？當然不必啦！你不必記得學習背後的每一個小細節，免得把自己逼瘋。但是那個加速的力道應該要形成一個組塊，盤桓在你的腦海深處，當你見到字母a在任何一道方程式裡晃蕩，組塊隨時可以跳進工作記憶，幫你分析a的意義。

同樣的，見到代表質量（mass）的m，你也許會感受到一塊五十磅重的大石頭不動如山——你得費好大力才能搬動它。看到代表力（force）的f，你也許能用心靈之眼看見它背後的意象——它取決於質量與加速度：就像公式「$f = m \cdot a$」裡的「$m \cdot a$」。或許你也能感受到f裡頭有蓄勢待發的活力（加速度），施加在大石塊懶洋洋的質量上。

讓我們在這個基礎上多說一點。物理學中，「功」（work）這個字代表能量。當我們把某物體推出（施「力」）一段距離（distance），這時就是在做「功」（也就是投入了能量）。我們可以把這概念寫成散發詩意的簡潔密碼：$w = f \cdot d$。一旦明白w代表功，就可以用心靈之眼去想像——甚至用身體去感受——公式背後的含意。最後，我們可以凝結出一首方程式詩歌，像這個樣子：

$$w$$

$$w = f \cdot d$$

$$w = (ma) \cdot d$$

換句話說，符號和公式的背後有一段隱藏的話——這段話的意義，等你熟悉觀念之後就會變得清晰。科學家未必都會像我這樣描述符號與公式，但多半同意：方程式可說是某種型態的詩。科學家用方程式這種簡略的方式來表達他們試圖看見和理解的現象。觀察力敏銳的人可以體會詩的深奧及其隱含的可能意義；而心思成熟的學生則逐漸學會用心靈之眼看見方程式隱藏的意義，甚至可以憑直覺進行不同的詮釋。同樣的，圖表和其他圖像也隱含著涵義——這些涵義若是透過心靈之眼來詮釋，甚至比寫在紙上的意義還豐富。

為所學內容賦予生命

前面已經提過這一點，不過既然更懂得了如何想像方程式背後的含意，因此值得再探索一番。學習數理時，最重要的技巧之一就是在腦中為抽象概念賦予生命。舉例來說，桑迪亞哥．拉蒙．卡哈爾看待顯微鏡底下的畫面，彷彿裡面住著各種生物，它們跟人類一樣懷抱希望與夢想。卡哈爾有位研究同事兼好友，就是發明了「突觸」（synapse）一詞的查爾斯．謝靈頓爵士（Sir Charles Sherrington），他告訴朋友，他沒見過別的科學家能像卡哈爾這樣為科學研究注入生命。謝靈頓猜想，卡哈爾能有如此高度成就，也許要歸功於他這種本事。

愛因斯坦的相對論，並非起源於他的數學天賦（他常常得靠數學家的幫忙才能有所突破），而是出自他的想像力。他把自己想像成一粒以光速前進的光子，然後想像自己在另一粒光子的眼中會是什麼樣子——另一粒光子會怎麼看、怎麼想？

遺傳學家芭芭拉．麥克林托克

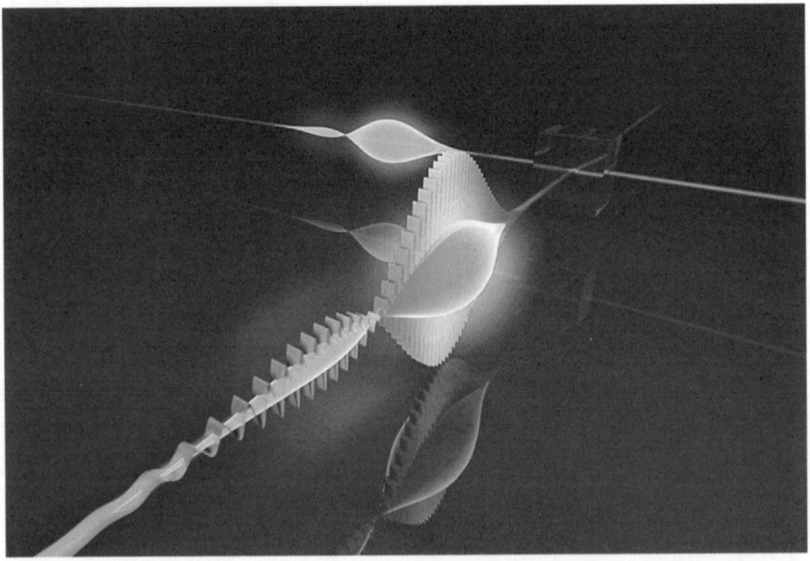

愛因斯坦可以把自己想像成一粒光子。藉由義大利物理學家馬可．貝里尼（Marco Bellini）這幅美麗的圖像，我們得以一窺愛因斯坦眼中的世界。此圖裡，前方這一束強力的雷射脈衝（前），被用來度量一粒光子（後）的形狀。

（Barbara McClintock），由於研究基因轉位（也就是可以在DNA序列中換位置的「跳躍基因」）而榮獲諾貝爾獎，她曾經寫下自己如何想像自己正在研究的玉米植株：「我甚至能看到染色體的內部結構——一個都不漏。我非常驚訝，因為我確實恍若置身其中，而它們都是我的朋友。」

像這種運用心靈之眼上演一場戲，把正在學的元素和機制當成有感覺有思想的生物的方法，聽起來也許很蠢，但確實有效——它為學習內容注入生命，幫助你看見並理解各種現象，那是枯燥的數字和公式無法帶給你的直覺。

走在時代之先的遺傳學家芭芭拉·麥克林托克。她在研究分子元素時，腦中想像著一顆巨大無比的分子。她和其他諾貝爾獎得主一樣，都會把正在研究的元素擬人化——甚至跟它們交朋友。

簡化：費曼學習法

簡化也很重要。眾所周知，理查．費曼——我們稍早提過這位玩拉丁小鼓的物理學家——總愛邀請科學家和數學家來，用他聽得懂的簡單方法說明他們的觀念。說來令人驚訝，幾乎任何一個觀念——不論多麼複雜——都可以有簡單的解釋方式。當你把錯綜複雜的材料分解成幾個關鍵要素，歸納出簡單的說明，就能更深刻地理解學習內容。學習專家史考特．楊（Scott Young）以此為基礎，發展出一套「費曼學習法」（Feynman technique），要求學生找出簡單的隱喻或類比，幫助他們掌握觀念的精髓。

大名鼎鼎的達爾文也會做類似的事。他在解釋一個觀念時，總會想像有人走進他的書房，然後他會放下手上的筆，試著用最簡單的話對來人說明一番。這種方法能幫助他想清楚如何下筆陳述觀念。沿襲這種做法，Reddit.com 網站有個區塊叫做「把我當成五歲小孩」，任何人都可以來此網站貼文，請網友用簡單的話說明某個複雜的主題。

你也許認為，你得先透澈理解一件事才能開始說明它。但是，請觀察一下，當你跟別人聊你在學的東西時會發生什麼狀況？令人驚訝的是，你是先設法對別人或對自己說明事情，而才從這說明之中產生理解，並不是先理解了才能做說明。有些老師經常說，他們是親自上場教課的時候才真正理解了課程內容。

真高興認識你！

「學習有機化學的難度，不會比認識新人物更難。每一個化學元素都有自己的個性；你逐漸了解各個元素的個性，就更能摸清楚它們的狀況、預測它們的反應結果。」

——凱瑟琳・諾塔（Kathleen Nolte）博士，化學系資深講師

曾獲密西根大學頒發金蘋果獎，表揚她在教學上的傑出表現

◆換你試試看

上演一齣內心戲

想像你自己置身於你正在學習的某個領域國度裡——你站在細胞，或電子，或某個數學觀念的角度，觀看周遭世界。試著在腦中跟你新交的朋友上演一齣戲碼，想像他們會如何感受、如何反應。

移轉：把所學運用在別處

所謂「移轉」（transfer），指的是把你在某一個脈絡所學到的知識運用到另一個脈絡中。好比說，當你學會了一種外語，你可能會發現學習第二種外語變得比較輕鬆。那是因為當你學會了第一種外語，也就取得了學習語言的一般技巧，甚至取得了類似的語彙和文法結構，你可以將這些心得都移轉到第二外語的學習。

學數學時，如果只把數學套用在特定領域的問題上（例如會計、工程或經濟），這就好比你並不是真正在學外語——因為你只想堅守一種語言，只不過多學了幾個外語詞彙罷了。許多數學家覺得，如果只把數學當成特定學科的知識，會阻礙了你靈活地運用數學。

數學家覺得，如果用他們的方法學數學——也就是先不考慮學這個能用在哪裡，而是設法去捕捉抽象的整體觀念——你便學到了一組可以運用在各種領域的技能。換句話說，你得到了相當於學習語言的一般技巧。這又好比說你是主修物理的學生，而你能運用你學到的抽象數學知識，很快就能理解，為什麼某些數學觀念可以運用到生物、財務或甚至心理學等等領域上。

這多少說明了為什麼數學家喜歡用抽象方式教學，而不落在實務應用細節上。他們希望你看到觀念的精髓，他們覺得這樣才能把觀念廣泛應用到各種主題上。以學語言來說，這好比他們不希望你學習如何用阿爾巴尼亞語、立陶宛語或冰島語說出「跑步」，而是要得到概括的理解，明白有一種詞類叫「動詞」，你需要自己去變化。

問題是，可以具體運用的數學觀念通常比較容易學——雖然這會使你以後比較難觸類旁通。可想而知，有關學習數學的方法，具體派和抽象派這兩派長期以來爭執不下。數學家退後一步，希望確保「抽象方法」是學習過程的核心。相對的，工程、商管和其他專業科系則朝向以其專業領域為主的數學，藉此提高學生的興趣，也避免學生抱怨「什麼時候才用得上這些東西」。應用數學還可以避開許多議題，數學課本上的「現實生活」應用題，往往只是偽裝得很拙劣的習題罷了。追根結柢，具體派和抽象派的方法其實各有利弊。

移轉還有一個好處。學生只要深入鑽研了某一個科目，他的學習會逐漸變輕鬆。匹茲堡大學的傑生．德盛特教授說過：「我經常告訴學生，護理課程讀到高年級，花在讀書的時間會變少，他們不相信。他們其實每升上新學期，課業都越來越重，但是他們懂得融會貫通了。」

諸如為了不斷檢查手機訊息、電子郵件和等等資訊而打斷專注力這類的拖延問題，之所以嚴重，就是因為這樣會干擾你移轉。經常接受這類干擾的學生，不僅學得淺薄，也無法把所學到的知識移轉到其他主題。你以為你每一次檢查手機訊息之前的短時間裡已學到了一點東西，但是事實上你大腦的專注時間太短，不足以形成堅固的神經組塊幫助你觸類旁通。

觀念真的可以移轉！

「我的釣魚技術是在五大湖區學的。去年，我南下佛羅里達礁島群，拿這套技術試身手。魚種不同，使用的釣餌不同，這裡從沒有人用我這種方法釣魚，但是效果好極了！別人都覺得我瘋了，但是能向他們證明這種方法真的能釣到魚，實在很有意思。」

——派翠克・史考金（Patricl Scoggin），歷史系大四學生

本章重點整理

- 方程式只是把概念抽象化與簡化的方法；這意味著方程式裡含有更深的意涵，一如詩歌蘊含深刻的意義。
- 「心靈之眼」很重要，因為它能讓你置身想像的情境，為你正在學習的內容賦予生命。
- 移轉能力，是指一種可以把你在某個脈絡所學的知識運用到另一個脈絡的能力。
- 掌握數學觀念的組塊核心是很重要的，它能幫助你進行移轉，讓你以新的方式運用數學

觀念。

- 學習過程中一心多用，意味著你無法學得太深入，而這會導致你無法觸類旁通。

停下來回想

闔上書本，別過頭去。這一章的重點是什麼？你能運用心靈之眼，以符號表達出這些重點嗎？

加強學習

1. 寫一首方程式詩歌。用幾行開展的句子，透露出方程式背後的意義。
2. 用一段話描述你正在學的觀念，可以怎樣用舞台劇的方式呈現。你認為，劇中角色會有什麼樣的逼真感覺，彼此會如何互動？
3. 找一個你過去學到的數學觀念，搜索一個實際運用了這個觀念的範例。然後，退一步看，你能否感受到範例背後的抽象概念組塊。想一想，這個觀念還能有另一種截然不同的運用方式嗎？

{第15章}

自學的價值

達爾文提出了進化論，使他躋身歷史上最有影響力的人物之一，而很多人讚譽他為天縱英才。然而，實情也許會讓你吃驚，因為達爾文跟前一章提到的卡哈爾很像，都是功課不好的學生。達爾文被醫學院退學之後，以「隨船自然學家」的身分踏上一趟環遊世界的航行，這使得他父親頭痛不已。他上了船，孤身在外，這才開始以全新的角度分析他蒐集而得的資料。

毅力往往比智力重要。抱著「我要靠自己學會」的決心來學習，能讓你另闢蹊徑，深入知識。不論你的老師或課本有多棒，通常你要到偷看別的書本或影片了才會發現，只靠一本書本或一個老師，只能學到局部，而這個主題還有更廣夠深的內容，還會通往更浩瀚的世界，銜接其他令人著迷的主題。

自己開闢學習的路

在數理和科技領域中，許多人或者因為沒有其他學習管道，或者基於私人原因而錯過了原本的學習機會，因而不得不自己開闢學習的路。研究顯示，如果學生能主動投入學習，學習效果將能達到最大，遠勝過光聽別人講課口述。學生能不能理解內容並且偶爾跟同學深入討論，是關鍵所在。

桑迪亞哥·拉蒙·卡哈爾立志當醫生之後，發現自己都成年了還得學大學微積分，簡直嚇壞了。他小時候沒有認真學數學，連最基本的數學觀念都不具備。他只好翻出陳年的課本，抓破腦袋設法弄清楚基本觀念。然而，由於卡哈爾是受到自己的志向驅策非要學會不可，反而學得格外深入。

「對初學者來說，如果指導者不要拿過去種種令人景仰的偉大成就來讓他驚愕、讓他為之興嘆，反而是對他闡述各項科學發現是經歷怎樣過程才出現的，在發現之前所出的差錯與失誤——也就是從人的角度來看，乃是正確解釋科學發現不可或缺的資訊——那不知會是多麼了不起的啟發！」

——桑迪亞哥．拉蒙．卡哈爾

一九八七年在非洲出生的發明家兼作家威廉．坎寬巴（William Kamkwamba），從小沒錢上學，於是去村裡的圖書館自學。他在圖書館裡無意中發現一本名為《使用能源》（*Using Energy*）的書。不過，坎寬巴不是光讀書而已。當時才十五歲的他，是讓書本引導他進行積極學習：他建造了屬於自己的風車。左鄰右舍說他「米薩拉」——神經病；但他創造的風車幫助了村莊發電、引水，帶動非洲草根科技創新的發展。

美國神經科學家兼藥理學家，甘德絲．柏特（Candace Pert），受過優良教育，擁有約翰霍普金斯大學博士學位。然而她受到的啟發和她日後的成就，有一部分是來自於一個不尋常的根源。她在準備進入醫學院的那年夏天，因騎馬意外摔傷了背部，整個暑假服用強力止痛劑，深受藥物影響，在昏沉中度過。她對於疼痛的體會和她使用止痛藥的經驗，促使她想深入進行科學研究。她不顧指導教授阻止，終於得到有關鴉片受體的初步發現——這可是理解藥物成癮的重大突破。

大學不是唯一的學習管道。當代好幾位知名的影響力人物例如比爾．蓋茲（Bill Gates）、賴瑞．艾利森（Larry Ellison）、麥可．戴爾（Michael Dell）、馬克．祖克柏（Mark Zuckerberg）、詹姆斯．卡麥隆（James Cameron）、史蒂夫．賈柏斯（Steve Jobs）和史蒂夫．沃茲尼克（Steve Wozniak）等人，都是大學沒畢業的人。他們有能力把傳統教育和自學的非傳統教育方式這兩者的好處結合起來。我們將持續見到這類人士為世界帶來了不起的創新。

「為自己的學習負責」，是你能為自己做的大事。以老師為中心的教學方法，把老師視為擁有答案的人，這方式有時不免會讓學生對於學習萌生無力感。而令人意外的，教師評鑑制度也會造成同樣的無力感，這些制度使得學生把學習失敗怪罪於老師不會教，或者不懂得激發學習熱情。但，反過來，以學生為中心的教學，是期待學生要接受考驗，互相學習，並且鞭策自己徹底理解學習內容，這是一種極為強大的學習方法。

神經外科醫生班・卡森（Ben Carson），曾經因其先進的創新外科手術而獲頒總統自由勳章。他原本成績不佳，被醫學院客氣地要求退學。卡森知道最適合他的學習方式是閱讀書本，而不是上課聽講，於是他違反常理做了個決定：他不再踏進教室上課，以此讓自己有更多時間讀書。這樣做之後，他的成績突飛猛進，接下來他的事蹟大家就都知道了。（請注意，卡森的方法未必適合所有人，如果你拿這個故事當作蹺課的藉口，無異於自尋死路！）

好老師的價值

你偶爾會接觸到與眾不同的好老師。當你幸運遇上好老師，千萬把握良機。你要訓練自己超越只是單方面接受知識的心態，逼自己向老師求援，並且提問——提出真正想問而且切中核心的問題，而不是為了炫耀知識才問的問題。你經常親近老師，老師就會變得更容易親近，而你更能從老師身上得到意想不到的幫助——光是從他們廣闊的經驗汲取一句簡單的話，就可能改變你的未來道路。別忘了對指引方向的人表示感激，你應該要讓老師知道他們對你的幫助是有意義的。

然而，同時你也要小心別染上「黏皮糖」症候群。很多和藹的老師會特別容易吸引那些不是真心來求知的學生，他們是以引起老師注意來自抬身價。出發點良善的老師，很多會因為想滿足永遠無法滿足的慾望而被疲憊耗盡。

也請你避免落入「覺得自己的答案絕對沒錯」的陷阱，要設法在你的答案顯然錯了的時候，催迫老師聽你解釋那整段折磨人的邏輯步驟。解釋完畢，少數時候你可能證明自己是對的，但是對許多數理進階課程的老師來說，要他們忍著聽完學生的扭曲的錯誤思維，就像是要他們聆聽走調的音樂一樣，既徒勞無益，又令人痛苦萬分。遇到這種情況，你最好重新思考，聽從老師的建議。等到你終於弄清楚了，再回頭揪出你自己先前的錯誤。（你通常會頓時發現先前的方法真是錯得太離譜了！）好老師通常很忙碌，你要妥善使用他們的時間。

真正厲害的好老師，會把要給學生的學習素材弄得既簡單卻又深刻；他會設計出讓學生相互學習的方式，誘發學生自學的熱情。例如，常春谷大學（Evergreen Valley College）的著名物理學教授，塞爾索·巴塔利亞（Celso Batalha），設立了一個廣受歡迎的讀書小組，他讓學生在這讀書小組裡探討應該怎樣學習。還有許多教授在課堂上並用「主動」與「合作式」的兩種學習法，讓學生有機會積極投入學習內容、彼此間頻繁互動。

這些年來我常覺得驚訝。有一些非常了不起的老師告訴我，他們年輕時太害羞、上台時很容易結巴，而且太不會讀書，根本沒想過自己當老師。但他們如今發現，原本以為的缺點，促使他們成為今日這樣一位深思熟慮、細心又有創造力的老師。內向的性

自學的另一個理由：詭詐的考題

在高中和大學的傳統學習環境裡，知道一點點內幕消息就有助於把考試考好。數理老師有一個祕密：他們常常會翻找這門課沒有指定閱讀的參考書，然後抄下書中的題目當做考題。說來，每一個學期都要出新的考題實在是吃力的工作。這表示，就算你把課本讀得熟透，而且上課認真聽講，但是考題的方向與課本的方向不同，這就可能害你考試失常，使你以為自己沒有數理天賦，但是你其實只需要在一整個學期裡面，試著幾次用別的角度審視你的學習內容。

格似乎使得他們更善體人意，而他們足夠謙遜，能覺察過去的失敗，這更使得他們富有耐心，不覺得自己無所不知、高高在上。

自學之路上的殺手

桑迪亞哥・拉蒙・卡哈爾不但懂得研究科學，也深知人與人如何相處。他曾警告同事：永遠會有人要抨擊或貶抑你的努力與成就。這種事情會發生在所有人身上，不是只有諾貝爾獎得主會遇到。如果你書讀得很好，旁邊的人可能覺得備受威脅。你的成就越高，旁人對你的攻擊和詆毀就越強烈。

另一方面來看，如果你考試不及格，也會有人落井下石，批評你沒本事。這時你就要知道，失敗沒那麼可怕；你要分析自己哪裡做錯了，以此為鑑，下次把它做得更好！失敗是比成功更好的老師，因為失敗會刺激你反省自己的學習方法。

有些比較「遲緩」的學生在數理學科陷入掙扎，因為他們似乎無法理解別人一聽就懂的觀念。而這些學生偶爾會認定自己不夠聰明。然而，實情是，慢條斯理的思考，能使他們看見細微之處的區別，而那是其他人沒注意到的。這好比徒步的登山客聞到了松林的芳香、發現小動物在林間的蹤跡，而漫不經心的摩托車騎士以每小時九十公里的速度呼嘯而過。很可惜的是，漫步的學生提出了這些看似簡單的問題，這會讓某些老師覺得受到威脅，不但不稱讚這些問題的洞察力，反而疾言厲色斥責提問的學生，用「叫你做什麼就做什麼，跟別人一樣」這樣的回應打發他。這會使提問者覺得自己很蠢，進而加深他的困惑。（要知道，老師有時候無法分辨你是因為想得很深才問這種題目，還是因為懶得自己去理解——我高中時期的叛逆行為就是這種狀況。）

無論如何，如果你發現自己無法理解「淺顯」的觀念，不要灰心。你可以請教同學或上網求助。還有一個方法很有用，就是去找另一個偶爾也教這門課的老師幫忙（記得要找在學生之間風評好的老師）；這些老師通常能理解你怎麼回事，只要你不過度佔用他們的時間，他們通常很樂意幫忙。要告訴自己，這情況只是暫時的，沒有什麼關卡是過不去的。

進入職場以後，你會發現許多人只想維護自己的想法、讓自己臉上有光，而遠遠不是為了對你伸出援手。這時你得拿捏，分辨什麼時候可以接受建設性的意見與批評，而什麼時候該對看似有建設性、其實只是惡意中傷的評論充耳不聞。不論別人怎樣批評，如果你突然一股強烈的情緒衝上腦門（「我才是對的！」），結果可能你真的是對的——或者也可能是另一種情況（這種情況的可能性更高，因為你的情緒洩露了祕密），你也許得用更客觀的角度，回頭重新思索。

人們常說同理心是普世的價值，有同理心就是好的。其實不然。你必須學會偶爾變得冷靜超然，這將有助於你專心學習，讓你不去理會那些一心只想削弱你實力的人。這種破壞行為是很常見的，因為人就是這樣，人的好勝心跟合作精神一樣強烈。年輕人也許很難維持冷靜超然，很容易以為自己覺得興奮的事情也是別人有感覺的，也認為每個人都可以講道理，而且每一個人都很善良。

你可以像卡哈爾那樣，以追求成功為傲——而且正是因為別人說你辦不到你才更要成功。要以自己為榮，以那些使得你「與眾不同」的特質為榮，把特質當作是你成功的祕密法寶。用你的倔強，對抗別人無所不在的成見。

◆換你試試看

認識「缺點」的價值

找出一個表面上看起來是缺點的特性，進行一番創意思考或獨立思考。你能想辦法消除這項特質的消極層面，甚至強化它的積極層面嗎？

本章重點整理

- 自學，可以使你學得極為深刻、效果極佳。
  - 自學，可以增強你的獨立思考能力。
  - 自學，可以幫助你回答老師偶爾出的奇怪考題。
- 對於學習來說，毅力往往比智力重要。
- 訓練自己偶爾去向你所景仰的人求助。你說不定會因而找到一位良師，他的一句簡單話語就有可能改變你的一生。但是不要濫用良師的時間。
- 如果你沒辦法很快掌握學習的重點，請不要灰心。事情常常出人意料。學習比較「遲緩」的學生，比學得較快的學生更能看見重大的議題。等到你終於學會了，你會學得比他們更深刻。
- 常人都是既有合作精神，也會爭強鬥勝。總會有人抨擊或貶抑你的任何努力與成就；學著冷靜超然地面對這些狀況。

停下來回想

還記得前面說過的，偶爾走出平常的讀書環境，去別的地點回想學習內容，可以產生重大效果。當你要回想本章的重點時，請採用這個技巧。人們偶爾藉由回想讀書環境所造成的感受——例如鬆軟的沙發椅，或者是咖啡館當時放的音樂、牆上掛的畫——來刺激記憶。

加強學習

1. 沒有正規課程引導的自學法，各有哪些優點和缺點？
2. 上維基百科搜尋「自學者名單」（List of autodidacts）。在眾多自學者當中，你最希望效法哪一位？為什麼？
3. 從你認識的朋友（也就是非公眾人物）當中，挑出一位你很敬佩但是從未深談的人。擬一份計畫，你可以怎樣去跟他打招呼並且上前自我介紹——擬定計畫後，設法執行。

《紐約時報》科學專欄作家談獨立思考

尼古拉斯．韋德（Nicholas Wade）為《紐約時報》的科學時報專欄撰寫文章。韋德向來勇於獨立思考，他認為他能有今天，要歸功於他同樣具有獨立思考精神的祖父——他祖父是當年鐵達尼號沉船事件裡極少數的倖存者之一。當多數的人跟著謠傳移到船身左舷，韋德的祖父聽從內心直覺，反方向跑到了右舷。

尼古拉斯向我們介紹幾本他認為很有趣的科學家與數學家傳記。

《知無涯者：拉馬努金傳》（*The Man Who Knew Infinity: A Life of the Genius Ramanujan*），卡尼蓋爾（Robert Kanigel）著。這本書描述印度數學天才拉馬努金從貧窮生活到豐富智性的傳奇一生，以及他跟英國數學家哈代（G. H. Hardy）的往來。我最喜歡書裡這一段：

「有一回，哈代在倫敦搭計程車，注意到車牌號碼是1729。這數字想必在他腦海裡轉了一轉，因爲他走進房間，看到拉馬努金躺在床上，連招呼都沒打，劈頭就說那個數字讓他覺得掃興。他說那

眞是個『無趣的數字』，還說：但願不是什麼不祥之兆。

「『噢不，哈代，』拉馬努金說：『那個數字有趣得很。那是用不同方法表達兩個立方數之和的最小數字。（譯註：$1729 = 1^3+12^3 = 9^3+10^3$）』」

《高貴野蠻人》（*Noble Savages*），沙尼翁（Napoleon Chagnon）所著。這個冒險故事的文字優美，讓我們看見人如何在全然陌生的文化中生存並且發展。沙尼翁原本是訓練有素的工程師，他的科學研究扭轉了我們對文化發展的理解。

貝爾（E. T. Bell）寫的《大數學家》（*Man of Mathematics*）。這是一本經典著作，讀者若是對人類思維的神奇奧祕感到興趣，讀來一定大呼過癮。誰忘得了，才華洋溢的迦羅瓦（Evariste Galois）自知隔天就要死了，於是「振筆疾書，狂亂寫下最後的想法和遺言。」他必須把握時間，把腦中豐富的數學成果記下來。他發了瘋似的在紙頁邊緣塗寫「沒時間了；沒時間了」，然後草草寫下題目的概要。老實說，這書裡幾個驚心動魄的故事恐怕有誇大之嫌，譬如上述這個故事。不過，迦羅瓦生命中的最後一夜確實用來把他畢生心血付諸筆墨，務求盡善盡美。這部傑作啓迪了好幾世代的莘莘學子。

[Part. 5]

讀書方法與考試技巧

{第 16 章}

避免過度自信

佛列德有個麻煩，他的左手無法動彈。說來並不令人意外，一個月前某天他一邊唱歌一邊洗澡的時候，右腦突然出血性中風，差點害他喪命。右腦控制身體的左側，因此佛列德如今左手毫無知覺。

不過，佛列德真正嚴重的麻煩在後頭。他雖然無法移動左手，可是他硬說他的左手可以動——而且他真心相信如此。他有時會替自己的癱瘓找藉口，說他只是累到抬不起手指。有時他又會堅稱他的左手在動了，只是沒有人注意到。他甚至會偷偷用右手撥弄左手，然後大聲宣布左手可以自主活動了。

幾個月過去之後，佛列德的左手恢復了一些功能。他對醫生笑談他剛中風那幾星期裡是如何欺騙自己，讓自己相信左手還能動；他也興高采烈談到他即將回到會計師的工作崗位。不過，跡象顯示佛列德沒有恢復正常。他以前是體貼的人，而這個新的佛列德卻剛愎自用、自以為是。

還有其他的改變。佛列德以往很愛說笑，但現在他聽到笑話，壓根兒沒聽懂笑點在哪裡，只能跟著旁人點頭。佛列德的投資長才也消失了，他過去的謹慎不再，代之以天真和過度的自信。

還有更糟的哩。佛列德似乎變成沒血沒淚的人。他打算賣掉妻子的汽車，卻連問都沒問一聲，還很驚訝她居然為此傷心。他們家心愛的老狗過世了，佛列德若無其事坐在一旁吃

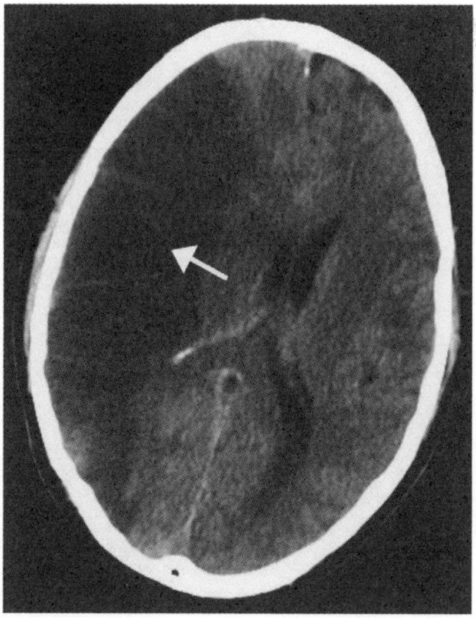

在這張腦部斷層掃描圖中，箭頭指向的陰影處，
就是右腦出血性中風造成的傷害。

爆米花，冷眼看著妻兒哭得傷心欲絕，彷彿在看電影。

這種種改變已經夠讓人難受，還有一點更使得這一切令人難以接受：佛列德似乎保留了他的聰明智力，他原本令人敬畏的數字能力也很完好。他仍然可以迅速完成企業的損益表，仍然可以飛快解答複雜的代數問題，然而有一處異常：假如他因計算錯誤而導出荒謬的結論——例如熱狗攤子損失將近十億美元——佛列德對此完全沒有感覺。他心裡沒有那個出於大方向的「叮噹」聲響對他說：「等一下，那個答案太不合理。」

原來，佛列德的情況是典型的「右腦大方向知覺失調」（broad-perspective

perceptual disorder of the right hemisphere）（註一）。他的中風導致右腦大範圍失能。他可以照常生活，但只能行使部分功能。

所謂的「左腦／右腦」二分的假說，其實是漏洞百出的膚淺理論，我們必須謹慎面對；但是我們也不必就此推翻那些能讓我們認識左腦與右腦差異的重要研究（註二）。從佛列德的案例我們看見，不完整的認知能力是很危險的，而需要運用大腦的眾多部位才能讓認知能力完整。對我們來說，沒有善用某部分的認知能力倒不至於產生佛列德那種可怕狀況，但是即使只是疏忽了某些能力，也會產生意想不到的負面衝擊。

來自左腦的自信

從科學研究已得到大量證據：**右腦能幫助我們退後一步思考，得到宏觀的視野**。右腦損傷的人通常無法得到「靈光乍現」的頓悟；這就是為什麼佛列德聽不出笑話哪裡好笑。事實證明，右腦大大關係到能否維持正確方向、「看清現實」（註三）。

某種程度上，如果你咻咻咻就做完功課或填完考題，而沒有回頭檢查，這相當於拒絕使用你大腦的某些部位。你沒有停下來讓大腦喘息，再以整體的視角回頭檢查你的答案是否合理（註四）。首屈一指的神經科學家拉瑪錢德蘭（V.S. Ramachandran）曾經指出，「右腦扮演『魔鬼代言人』的角色，不斷質疑現狀，尋找與大局矛盾之處」，而「左腦則頑強地堅守既有規則」。這論點也呼應了心理學家麥可．葛詹尼加（Michael Gazzaniga）在前瞻性研究裡指出來的，左腦為我們詮釋世界——而且會盡全力維持原有的詮釋，不加以更改。

當你在專注模式下工作，你的假設或運算很容易出現微小的錯誤。如果你開頭就走偏了，那麼即便你後面的計算正確無誤，最後的答案仍是錯的。有時候甚至會錯得可笑——好比算出地球的周長只有二又二分之一英尺。但是這類荒謬的結果不會對你產生困擾，這是因為，以左腦為中心的專注模式，把答案跟那個想維護既有努力的慾望結合在一起了。

這便是採用專注模式、傾向使用左腦的分析思考會遇到的問題。它運用分析式的快節奏思考，但是大量研究證明，這種思考也可能變得僵化、武斷、自以為是。

當你百分之百確定你的功課和考卷都沒做錯——請小心，你這種感覺也許有一部分是源自左腦帶來的過度自信。如果你回頭檢查，就能加強左右兩個半腦之間的互動——善用兩邊特有的視野與能力。

對數學沒有把握的人，經常落入「方程式賓果卡」（equation sheet bingo）陷阱。他們拚命尋找老師或書上使用過的模式，然後把它套進那個模式裡。好的學習者則會檢查自己的做法，確認答案是否合理，並且自問所使用的方程式有什麼意義、是出自哪裡。

「第一條守則是不得愚弄自己——而你是全世界最容易愚弄的人。」

——物理學家理查·費曼論「如何避開戴著科學面具的偽科學」

腦力激盪的益處

尼爾斯·波耳（Niels Bohr），曾經積極參與曼哈頓計畫（Manhattan Project）——那是二次大戰期間，美國企圖搶在納粹之前發展核彈的軍備競賽活動。波耳也是歷來最優秀的物理學家之一——而這最終導致他很難針對物理進行知性思考。

波耳提出了量子理論，這使得他被奉為天才，備受尊崇，人們認為他的思考無懈可擊。這表示他從此無法跟別人腦力激盪了。不論波耳迸出怎樣荒謬的點子，其他跟他一起設計炸彈的物理學家都會忍不住讚嘆，彷彿他的點子神聖不可侵犯。

而波耳應付這個難題的方式很有意思。

原來，理查·費曼天不怕地不怕，不論對象是誰，他都能就事論事討論物理。他成了波耳的最後王牌。當時，洛斯阿拉莫斯（Los Alamos）國家實驗室裡有數百名傑出物理學家齊聚一堂，費曼只是其中的一個後生晚輩。但是，波耳在跟其他物理學家開會以前總會找費曼私底下先來一場腦力激盪。為什麼？因為只有費曼不怕波耳、敢當面直言波耳的某些點子很蠢。

波耳深知，與那些通曉這個領域的人進行腦力激盪、合作解決問題，是大有益處的。有時，光靠自己的一顆腦袋，也只不過是兩種模式和兩個半腦，這樣是不足以分析你的研究成果的。畢竟每個人都會有盲點；那樂觀得過於天真的專注模式，很可能就對錯誤視若無睹——尤其當那是你自己的錯誤。（註五）更糟的是，你明明犯錯了，卻還是可能盲目相信自己

1925年，波耳與愛因斯坦懶洋洋地閒坐著。

做得盡善盡美。（這就像是你原本以為考得很好的考試，結果公布，你竟然不及格。）

如果你規定自己偶爾一定要找人一起讀書，你會更容易發現自己思考方向的偏差。朋友和組員可以扮演某種質疑的、視野較大的發散模式，使你跳脫你的大腦格局，捕捉到你漏掉或看不到的地方。當然，對別人說明你的想法時，也有助於增進你自己的理解。

與人合作，是極為重要的，這不只限於解決問題，也攸關事業發展。朋友的一點小提示，例如去上某一門很棒的課，或者去看某一份徵人啟事，都可能扭轉你的前途。社會學家馬克・格蘭諾維特（Mark Granovetter）所寫的〈弱聯繫的力量〉（The Strength of Weak Ties）一文，是社會學科裡廣受引用的論文。這篇文章裡說到，從一個人有多廣的人面——而不是有多少個交情很深的朋友——最能預測此人的消息靈通程度、事業成功機會。畢竟，你的好朋友通常跟你處於同一個社交圈，但關係比較疏遠的人脈（例如你的同學），往往各自經營不同的圈子——這表示你能在你的「知識圈」之外，接觸到一個無限寬廣的人際發散模式。

該選擇怎樣的人當讀書夥伴呢？他最好具有某種關鍵優勢、並且偶爾會咄咄逼人。針對團隊創意的研究顯示，不說意見、氣氛和諧的相處方式所形成的生產力，遠遜於接受批評、甚至鼓勵批評的互動方式。如果你或你的夥伴認為哪個地方錯了，都該直接指出錯誤，並且具體說明理由，不必擔心傷了感情。當然，你不會無緣無故抨擊別人，但是若太在意是否創造出「安全環境」，反而傷害了你們提出建設性意見和創意思考的能力，因為你把重點放在別人身上，而忽略了要討論的議題。請學習費曼的方式，謹記一點：不論提出批評或接受批評，批評的重點不在於你，而在於你們設法要弄懂的這件事上。同樣的，人們常常不明白競爭的好處——**競爭是一種激烈的合作方式，可以激發人們最大的潛力**。

此外，腦力激盪夥伴、朋友和組員還能帶來另一種益處。你通常不介意在朋友面前出糗，不過你不希望自己顯得太蠢，起碼不要太常如此。於是，跟別人一起讀書，就變得有點像是練習在觀眾面前演說。研究顯示，這類的公眾練習可以訓練你的臨場思考能力，提升你在考試或演講的壓力環境之下的反應。學習夥伴還有另一個價值，會在可靠來源出錯的時候顯現。不論你的老師或書本多優秀，總有犯錯的時候，這時朋友就能幫忙釐清錯誤、解開你的困惑，避免你被帶偏了方向，浪費好幾個鐘頭想弄懂原本就錯誤的想法。

最後要提出警告：學習數理、工程和科技時，讀書小組的效力可以非常強大。然而要是讀書小組變成了社交活動，那麼一切都是徒勞。在讀書小組裡，盡量少閒聊，抓緊時間做正事，做完你的功課。如果你的讀書會議總是晚了五到十五分鐘開始、組員常常沒準備，而且大家的對話總是偏離主題，你就該替自己換一個小組。

內向的人如何與別人合作

「我生性內向，不喜歡跟別人共事。我讀大學時，在工程學課程遇到困難（那是一九八〇年代的事了），這時我判斷自己確實需要借用別人眼光看事情了，儘管我仍然不喜歡跟任何人合作。那時還沒有網路聊天室這種東西，所以我們在彼此的宿舍房門上貼紙條，留意見。我的同學傑夫和我有一個工作系統：比方說，我貼張紙條寫下『1）1.7 m/s』這幾字——意思是，作業第一題的答案是每秒鐘1.7公尺。我洗完澡回來，就看到傑夫留的字：『錯。1）11 m/s』。我急忙翻開作業，看自己錯在哪裡，然後算出新的答案：『8.45 m/s』。我跑去傑夫房間，為自己的答案大聲辯護，雙方各執一詞，而他肩上還扛著吉他哩。接著，我們各自找時間重新計算，然後我突然發現答案是9.37 m/s，而傑夫也算出同樣答案。這樣，我們兩人都得到一百分。你看，如果你不喜歡跟一群人共事，還是找得到某種可以把人際互動降到最低的合作方式。」

——保羅．布勞爾（Paul Blowers），亞利桑那大學特聘教授（獲教學優異評鑑）

本章重點整理

• 當你處在專注模式裡，儘管你信心十足認為自己全都做對了，你還是可能犯下重大錯誤。回頭檢查，可以帶來較寬的視野，運用稍微不同的神經模式幫你揪出粗心造成的失誤。

• 跟不害怕表達異議的人合作，可以：

。幫助你抓出思考上的錯誤。

。訓練你的臨場思考能力，增強你在壓力下的反應。

。確認你是否真正理解了你在對別人說明的想法，並且強化你原有的知識，因而有所進步。

。建立重要的人脈，幫助你做出更好的選擇。

• 關於讀書做功課這方面的批評，不論是提出批評或是接受批評，都不應被視為人身攻擊；重點要放在你正在設法弄懂的那件事。

• 全世界最容易的事，就是騙自己。

停下來回想

闔上書本，別過頭去。這一章的重點是什麼？試著在跟朋友相處的時候回想這些重點——這也能幫助朋友體認，他們和你的相處是多麼珍貴！

加強學習

1. 請舉出一個「你曾經百分之百確定，最後卻證明有誤」的例子。從這個例子和類似事件來看，你覺得自己現在比以前更能接受別人的批評了嗎？
2. 你可以怎麼做，讓你的讀書會議發揮更大效果？
3. 如果你發現讀書小組似乎對於讀書以外的議題比較感興趣，你要怎麼處理？

物理學教授對學習的見解

布萊德·羅斯（Brad Roth）是物理學教授，美國物理學會會士，也與人共同著有《中級生醫物理》一書。（照片裡是他和愛犬蘇奇置身密西根的繽紛秋色裡。）他對於學習提出以下看法。

我在課堂上經常強調，先想清楚再開始運算。我非常痛恨許多學生「胡亂套公式求解」的學習方法。我也經常提醒學生，公式並不只是一串讓你代入數值得出另一個數值的符號。公式，會說故事，告訴你物理世界如何運行。對我來說，了解公式背後的故事，才算眞的懂了物理公式。對於公式產生性質上的理解，比得到數量上的正確數值更重要。

以下還有幾點建議：

1. 檢查所花的時間，通常比解題的時間短得多。如果你花了二十分鐘解題，卻因爲不肯花兩分鐘檢查而出了錯，實在很可惜。
2. 把度量單位當作你的盟友。如果方程式兩邊的單位不一致，那麼程式肯定不對。你不能把以秒爲單位的東

西跟以公尺為單位的東西相加，那就像是把蘋果跟石頭相加——結果必定難以下嚥。你可以從最後一步往前檢查，一旦找到了單位開始不一致的地方，大概就找到了錯誤。我曾替專業期刊審查研究論文，在專業論文中看到度量單位不一致的錯誤。

3. 你要思考公式背後的意義，如此才能拿數學運算結果來印證你的直覺。如果兩者有落差，那麼要不是運算出錯了，就是你的直覺有誤。不管何者，只要能釐清兩邊不吻合的原因，你都是贏家。

4. （比較進階的建議）對於複雜的公式，不妨試著推算極限狀況，把某一個變數的數值定為零或無限大，看這樣能否幫助你理解公式的意義。

{第17章}

應考策略

考試本身就是超強的學習經驗，這一點我們在前面已說過，但是值得再強調一次。這意思是，你為了考試而努力，譬如你用回想方式所做的簡單迷你測驗，你也在準備考試時練習解題能力，這些努力都極為重要。試著做個比較：花一個鐘頭讀某些內容，跟為了考試而準備同樣的內容，哪一種方式學得比較多？你會發現，後者為了考試而記住的跟學到的，遠比花同樣時間讀書來得多。考試似乎是一種刺激專注的好方法。

這本書所談的一切，出發點都是要讓「準備考試」這件事變得更簡單而自然，讓考試變成只不過是學習的延伸。所以現在我們要切入本章及這本書的核心主題之一——一份讓你檢驗你的考前準備是否確實到位的檢查表。

費爾德教授的叮嚀

理查・費爾德（Richard Felder）教授是工科教育界的傳奇人物，他幫助全球學子精通數理，不遺餘力，貢獻之大，當今之世可謂無人能出其右。費爾德博士使用過一個極為簡單、也很有效的方法。請見以下這封寫給考試成績不理想的學生的短箋（註一）：

> 你們許多人告訴老師，你上一次的考試成績沒有考出你對課程內容的理解。有些人還

請教老師，下次考試該怎樣做才能避免發生同樣的事。

讓我提幾個問題，來弄清楚你如何準備考試。請盡可能誠實作答。如果這份表上的許多題目你都回答「否」，那麼你考得很差應該是意料中的事。假如下一次考完試以後你還是有許多題回答「否」，那就更不意外你又考不好了。如果你絕大多數題目都回答「是」，但成績還是不理想，那麼一定有什麼地方不對勁了，你最好找老師或輔導員談談，找出問題在哪裡。

你會發現，許多道題目都假設你是跟同學一起做功課的——先各自做題目、然後互相對答案，或者是一起合作解題。這兩種方法都可以。事實上，如果你向來單打獨鬥，而考試成績不理想，我強烈建議你找一兩個讀書夥伴一起做功課。（不過要小心第二種合作方法；如果你只是坐在那裡看別人解題，那麼恐怕弊多於利。）

填寫完這張檢查表之後，關於「如何準備考試」的答案就呼之欲出了。你應該：

盡一切努力，讓自己面對大多數題目都可以回答：「是」。

考前準備檢查表

以下問題，如果你通常都會做到（而不是偶一為之或者從來沒有），才能回答「是」。

一、回家作業

□是 □否　1.你是否很認真地設法理解課文內容？（光搜尋相關詳解不算數。）

□是 □否　2.你是否跟同學合作解答作業題目，或者至少會互相對答案？

□是 □否　3.你是否先嘗試大致列出每一道題目的解答方向，再找同學討論？

二、準備考試

回答越多個「是」，你的準備就越充分。如果有兩個以上的「否」，請認真考慮調整你的考前準備方法。

□是 □否　4.你是否積極參與讀書小組的討論（貢獻想法、提出問題）？

□是 □否　5.遇到了問題，你是否會請教老師或助教？

□是□否　6.交作業時，你是否明白每一道題目的解答方法？

□是□否　7.如果你不清楚某一題的解答方法，你是否會在課堂上提問？

□是□否　8.如果你拿到一份備考指南，你是否會在考前仔細研讀，確認自己百分之百理解講義上的內容？

□是□否　9.你是否嘗試快速列出許多題目的解答方法，而不花時間練習代數及運算？

□是□否　10.你是否曾跟同學一起研究備考指南，並且彼此測試對方理解多少？

□是□否　11.如果有一堂考前複習，你是否會去上課，並且針對你還沒完全弄清楚的內容提問？

□是□否　12.考前一夜是否睡眠充足？（如果這一題的答案為「否」，那麼前面十一題的答案恐怕都不重要了。）

□是□否　總計

由難而易跳躍應考法

傳統教學方法這樣說：應付數理考試時，先從最簡單的題目下手。這方式的理念基礎是，等你做完相對簡單的題目，就會有信心處理比較難的考題。

這種做法對某些人有效，多半是因為這些人不論使用什麼方法都能解題。然而，對大多數人來說，這種做法適得其反。刁鑽的題目往往需要花很多時間解題，這意味著你得先處理這些問題。困難的題目也很仰賴發散模式的創造力，但是你若想進入發散模式，又不能讓自己一心想著要趕快解決你想要解決的問題。

該怎麼做？先做簡單的題目？還是難的？

答案：**先從難題開始——但是很快就跳到簡單的題目**。我的意思是這樣的：

拿到考卷之後，先快速瀏覽一遍所有題目，大致了解有哪些考題。（這是無論如何都該做的步驟。）特別留意看起來最困難的題目。

現在你要作答了。請先從看起來最難的題目著手。如果你試了一兩分鐘便發現你卡住了不知怎麼做，或者發現你的答題方向可能錯了，請強迫自己趕快抽身。

這方法極為有效。「先做難題」，可以使你把最難的題目先放入腦海，然後你轉移注意力，這可以讓發散模式開始運作。

你針對第一道難題的解答讓你感到不安，這時你就去找一道簡單的題目，盡可能把它做完。接下來，你再處理另一道看起來很難的問題，試著解答。一旦發現自己又不知道怎麼做了，立刻放下，轉去處理簡單的題目。

「我跟學生談論好的憂慮與壞的憂慮。好的憂慮可以激發動力、有益於專注，而壞的憂慮只是徒然損耗精力。」

——鮑伯·布萊蕭（Bob Bradshaw），歐隆學院數學教授

當你從簡單題目回到困難的題目，你往往會發現你好像突然知道接下來怎樣解題了，那些步驟突然變得很明顯。你也許無法立刻得到最後答案，但是至少朝答案更接近了一步。某種程度上，運用這種考試方法就好比一位高效率的大廚，等著牛排煎熟的時候，先拿起番茄以快刀切片、擺盤，然後為湯調味，再翻炒滋滋作響的洋蔥。運用「由難而易跳躍應考法」時，大腦的不同部位是在同時處理好幾種想法，這是更有效率的大腦使用法。

用「由難而易跳躍法」來應考，可以保證你每一題至少都能做一點，也可幫助你不至於卡在錯誤的方法裡；因為你有機會在不同時間點、從不同角度來看問題。如果遇到有些老

師願意給局部解題的分數，這做法就更為重要了。

這種方法只有一個挑戰：那就是你必須有足夠自制力，能在陷入膠著一兩分鐘之內就抽身跳開。大多數學生可以輕鬆做到，但是有些人需要自制與魄力才能做到。總之你現在應該已經很清楚，在數理的領域中，若把毅力用錯地方，會造成不必要的麻煩。

這也許可以解釋為什麼有些考生在步出考場大門的那一瞬間，答案突然迸了出來。正是因為他們放棄了答題，轉移了注意力，這時發散模式得到了它運作所需的那一點點引力，從而得到答案。但為時已晚了。

有人會擔心，一道題目做一半就跳去做別的題目，這樣不會把考生搞糊塗嗎。大多數人似乎沒有這種問題；畢竟大廚已經練就了湊出一頓晚餐的本領。如果你對這套策略還有顧慮，不妨先從回家

克服考前恐慌

「我告訴學生要面對恐懼。一般來說，你最大的恐懼應當是成績不夠好的話，會使你無法進入理想的行業。這該怎麼辦？我說，很簡單；那就選另一個行業，給自己留一條退路。你會發現，一旦做了最壞的打算，你的恐懼會開始慢慢消退。「認真讀書，讀到考試前一天，然後就順其自然去考試。告訴自己，『好吧，看看我能答對幾題，反正總有另一條路可走。』這樣做能舒緩壓力，幫助你考得更好、更接近你的理想事業。」

——崔西·瑪格蘭，生物科學教授，鞍峰學院

功課開始嘗試這方法。

有些情況或許確實不適用「由難而易跳躍法」。例如，如果某位老師只分配很低的分數給非常困難的題目（有些老師喜歡這樣做），那麼你最好集中力氣處理其他考題。此外，有些電腦化的證照考試不允許回頭修改答案，所以面對很難的題目時，最好的辦法就是用腹部力量深呼吸一兩次（也要確定吐光所有的氣），然後就全力以赴吧。然而，要是你準備得不充分，那麼以上所說的就全都不算數啦，你就盡可能搶一點簡單分數吧。

考試焦慮症的成因與應對方法

如果你為了考試覺得壓力過大，請你留意：身體在壓力之下會釋放化學物質，例如腎上腺皮質素，造成手心冒汗、心跳加快、胃裡彷彿打結。然而，研究發現，你對這些症狀的詮釋——你對自己解釋壓力從何而來的說詞——才是真正影響你的因素。如果你改變想法，從「這次考試令我害怕」轉為「這次考試讓我躍躍欲試，我要全力以赴」，你的表現可能出現顯著進步。

還有一個訣竅可以幫助緊張的考生，就是暫時集中精神呼吸。放鬆腹部，把手放在肚子上，慢慢地深深地吸氣。你的手應該會往外推，而你的胸腔彷彿鼓脹的圓桶向外擴張。

這種深呼吸方式，可以把氧氣送到大腦的重要部位，散發出「一切都好」的訊號，幫助你平靜下來。但是你不能等到考試當天才開始深呼吸；你在考前幾週就開始練習這種呼吸方法——偶爾練習一兩分鐘就夠——到考試當天才能順利進入這種呼吸模式（「多練習，記得牢！」）。在眼看就要發考卷的焦慮時刻，進入這種深沉的呼吸模式，特別有幫助。（是的，如果你有興趣，市面上有數十種應用程式可以助你一臂之力。）

還有一種方法是「正念覺察」（mindfulness）。這方法是要你學著區分：你心中浮起的想法，哪些是自然而然浮現的念頭（下星期有一個大考），哪些是伴隨這念頭而來的情緒投射（要是被當，我就會被刷掉，到時候如何是好？）。這些尾隨的念頭似乎是從發散模式一閃而來的投射。你學習重新建構這些念頭與情緒，認清它們只不過是尾隨而來的心理投射；只不過幾星期的簡單練習似乎就能舒緩平靜。重新建構你對這類惱人念頭的反應，比強行壓抑它們來得更為管用。用幾星期練習了正念法的學生，考試成績出現進步，比較少受到紛亂的念頭干擾。

現在，你該明白了，到應試的最後時刻才做困難的部分，很可能會出問題。正因為時間快到了，你會越來越緊張，然而你在這種緊張時刻竟得應付最棘手的題目！你的壓力飆升，於是全神貫注，以為那樣的專注可以解決問題，但是你的專注反而妨礙了發散模式的運作。

結果呢？你由於分析過多導致腦筋癱瘓（paralysis by analysis）。這種情況，可以靠「由難而易跳躍法」來預防。

關於考試的結語

考前一天，快速瀏覽課程內容，溫習一遍。因為考試日當天你得用到專注和發散兩種模式的「肌肉」，所以此刻別把大腦操得太兇。（跑馬拉松的前一天，你不會還去參加十英里路跑吧！）要是在大考前一天你沒辦法太用功，不必有罪惡感。如果你已經準備妥當，那麼你已經下意識地限制自己，以便保留心智能量。

考試的時候，你要記得，大腦會騙

多重「猜測」題和模擬試題……幾個要訣

「我出選擇題的時候，偶爾會發現有些學生還沒理解題目就忙著看答案選項。我都建議他們把選項蓋起來，試著回想題目，先想辦法自己找出答案。

「當學生抱怨說，模擬試題太簡單而真正的考試很難，我會問他們：是什麼因素造成了這兩種狀況的分別？做模擬試題的時候，你是否輕鬆坐在家裡，還聽著音樂？或是跟同學討論？沒有時間限制？一旁擺著解答和課本？這些狀況，跟擠滿了人的教室和一分一秒流逝的考試時間是截然不同的。我甚至建議有考試焦慮症的學生，把模擬試題帶到另一個課堂（那種可以偷溜進去，坐在後頭不被發現的大教室），在那裡練習考題。」

——蘇珊・莎吉那賀貝爾（Susan Sanja Hebert），湖首大學心理系教授你，讓你把你做錯的地方當成是對的。這表示你應該不時眨眨眼、轉移注意力，然後用宏觀視野重新檢查答案，問自己「這答案是否合理？」解題的方法通常不只一種，從不同角度檢查答案是最佳的驗證方式。

如果別無其他方法檢查答案，也請記住：即使是最高階的數理和工科學生，也會粗心犯錯，少了負號、加總錯誤、少掉原子數之類的。盡全力抓出錯誤就好。在自然科學中，公式兩邊的度量單位是否一致，是檢查是否出錯的重要線索。

答題的順序也很重要。學生通常會由前面往下面作答，那麼如果檢查的時候是由後往前，這似乎能讓大腦得到新鮮的角度，讓你更容易抓出錯誤。

沒有什麼事情是絕對的。有時你已經夠用功了，但是考試大神就是不肯配合。但是你做過了充分準備，在腦中建立了強大的解題技巧資料庫，並且用聰明方法應考，你會發現有一天好運會降臨。

本章重點整理

- 考前一晚如果睡眠不足，足以抵銷你所做的一切準備。
- 考試是一件大事。戰鬥機飛行員和醫生會核對行前檢查單，你也應該核對考前準備檢查表，以便提升你的成功機會。
- 像由難而易跳躍法這類的違反直覺的做法，能讓大腦有機會思索比較棘手的難題，就在你專心回答其他更為直接的問題時也繼續思索。
- 身體在壓力下會釋放化學物質，要看你如何解讀身體對這些化學物質的反應。如果你把想法從「這次考試令我害怕」轉為「這次考試讓我躍躍欲試，我要全力以赴！」，將有助於提升你的表現。
- 如果考試時感到驚慌焦慮，請轉移注意，集中精神呼吸。放鬆腹部，把手放在肚子上，慢慢深吸一口氣。你的手應該會被往外推，而你的胸腔應該會像一只圓桶向外鼓脹。
- 你的大腦會騙你，使你把做錯的地方當成是對的。這表示你應該多眨眨眼、轉移注意力，然後用宏觀的視角重新檢查答案，問問自己：「這樣的答案真的合理嗎？」

停下來回想

闔上書本，別過頭去。這一章的重點是什麼？哪些關於考試的新概念，你覺得特別值得一試？

加強學習

1. 哪一個考前準備步驟是最最最要緊的？（提示：如果少了這個步驟，你為考試所做的一切準備都是枉然。）
2. 請說明，使用由難而易跳躍法時，你如何判斷何時該從一道困難的考題中抽離。
3. 書中建議使用深呼吸法來舒緩焦慮感。你認為文中為什麼強調呼吸時鼓起腹部，而不只是上胸部而已？
4. 檢查答案之前，為什麼最好先暫時轉移注意力？

心理學家談如何避免可怕的臨場出錯

翔恩・貝洛克（Sian Beilock）是芝加哥大學心理學教授；對於如何降低重大場合的焦慮感，她是頂尖的專家之一。她著有《搞什麼，又凸槌了?!》（*Choke: What the Secrets of the Brain Reveal about Getting It Right When You Have To*）一書。

面對重大的學習和表現場合，可能讓你處於莫大的壓力。然而越來越多研究顯示，一些簡單的心理干預就能舒緩你對考試的焦慮，大幅提升學習效果。這些干預手段的目的不在於傳授學業內容，而是爲了修正態度。

我的研究團隊發現，如果你在即將考試之前，把你對考試的想法和感覺寫下來，可以降低壓力造成的負面影響。我們認爲，書寫有助於宣洩腦中的負面想法，避免它們在緊要關頭迸出來干擾你。

準備考試的過程中，用許多自我測驗來給自己小小的壓力，可以幫助你承受眞正考試時的劇烈壓力。正如你在本書中學到的，自我測驗也是幫助記憶的好方法，幫助你在重大考試的緊要關頭回想起課程內容。

此外，負面的自我暗示——也就是從你腦海中浮現

的負面想法——眞的會傷害你的表現。所以請確定你經常保持樂觀積極的態度。就算你覺得大難臨頭，也要在必要時刻切斷負面想法。如果做錯一題——做錯許多題，還是要給自己打氣，繼續做下一道題。

最後一點。學生在考試裡出差錯，原因之一就是太急著解題，沒有先想清楚他們面對的是什麼樣的題目。學著在解題之前或陷入瓶頸時先暫停幾秒鐘，這可以幫助你看出什麼才是最好的解題途徑——避免你由於突然發現已浪費許多時間往死胡同裡鑽而驚慌失措。

你絕對可以學會約束壓力。不過說來一定令你驚訝：其實最好不要完全拋除壓力，因爲輕微的壓力可以在關鍵時刻激發你的最大潛力。

祝你好運！

{第18章}

釋放你的潛力，以及好的與壞的讀書方法

理查．費曼那個喜歡打拉丁小鼓的諾貝爾物理獎得主，向來逍遙自在，隨遇而安。不過有那麼幾年，他的熱情活力面臨了挑戰——那既是他最好的時期，也是最壞的時期。

一九四〇年代初，費曼摯愛的妻子艾琳躺在遠方的醫院裡，因結核病而生命垂危。他擠不出時間去看她，因為他身處偏遠的新墨西哥州洛斯阿拉莫斯小鎮，投身於二次大戰期間最重要的研究——最高機密的曼哈頓計畫。當時，費曼還是無名小卒，無法享有任何特權。

為了避免工作之餘胡思亂想，費曼開始專注探索人們最深處、最陰暗的祕密：他開始學習如何撬開保險櫃。

想要打開保險箱可不是那麼容易的事。費曼努力培養直覺、設法摸清楚號碼鎖的內部結構，像個鋼琴演奏家般苦練，想做到破解了第一組密碼之後，幾根手指還能俐落地完成其他組合。

費曼無意間聽說，有個專業鎖匠剛剛受聘到了洛斯阿拉莫斯——這是個道地的專家，不到幾秒鐘就能打開保險櫃。

專家就在眼前！費曼心想，如果能跟這名鎖匠交上朋友，就能掌握撬開保險櫃的深沉祕密——

學習的矛盾

在這本書中，我們探討了如何用新的角度來看待學習。我們發現，有時候越是急著學會，反而越學不會；正是那股迫不及待想要馬上學會的渴望，阻礙了我們理解。這就好像你太迅速伸出右手，而你的左手會出於反射拉住你往後退。

那些偉大的藝術家、科學家、工程師，以及像卡爾森這類的西洋棋大師，都懂得善用大腦的自然律動，他們總是先思索，把問題刻入腦海，然後再把注意力轉開。懂得在專注和發散的這兩種思考模式之間切換，就可以讓思緒像雲朵一般移動到腦中其他部位。這些思緒之雲經過去蕪存菁、重新整理之後，會再帶著有用的解答片段飄回來。

能否重塑大腦，是你可以掌控的事，關鍵在於持之以恆——認清楚大腦的長處與短處，然後加以善用。

改變你對於干擾（例如手機或簡訊鈴聲）的反應方式，就能改善你的專注力。番茄鐘工作法（計時的短暫專注時段）的效果強大，可以轉移你的慣性殭屍反應。認真用功一段時間，接下來就可以真正放鬆。

花幾星期、幾個月穩紮穩打地學習，會有什麼效果？

結果就是，每一次學習之後，都能建立起堅固的灰泥，築成健全的神經結構。專注用功一段之後，放鬆休息；再專注一段，然後再休息。如此間隔進行，不僅使你學得開心，也學得深刻。休息，可讓我們有時間得到體會，讓所學的東西整合進入脈絡，與整體大局產生統合。

請注意：我們心裡有一塊地方出於本能就是認為我們做的一切都是對的，不論事實上它錯得多離譜！正是由於我們會自欺欺人，所以在交考卷之前需要檢查答案（讓自己有機會確認；這麼做真的合理嗎？）。藉由退後一步以新的視角看事情、運用回想來測驗自己學到多少，以及請朋友提出質疑，這些方法使我們更能發現自己的能力錯覺。出現這些錯覺，可以說是缺乏真正的理解，會害得我們在學習數理的路上跌跤。

出於死記硬背（往往是考前臨陣磨槍）的記憶會使許多入門者產生錯覺，以為自己掌握了數理觀念。這些人一旦進入進階課程，他們的薄弱基礎終究會瓦解。反過來說，當我們逐漸了解了大腦的學習方式，也就不會片面認定記誦是沒好處的；如今我們明白，能把經過充分理解的組塊內化，才是精進數理能力的關鍵。我們也明白，就像運動員無法靠最後一刻的填鴨式練習來鍛鍊肌肉，數理學生如果在學習上拖延，也無法建立堅固的神經組塊。

不論年紀多大、多麼嫻熟人情世故，我們大腦的一部分都還是像個孩子——這意思是說，我們有時會覺得氣餒，而這就是訊號，表示你需要休息了。而我們的赤子之心也讓我們可以放開手，運用創意去想像、去記憶那些乍看極為困難的數理觀念，甚至跟這些觀念交朋友，得到真正的理解。

同樣的，我們也發現毅力有時候會適得其反——毫不放鬆的專注力，反而阻礙了我們解決問題。但，不管想在任一領域成功，都需要具備能看見大局面的、持久的毅力。而面對生活中難免出現的批評和必然會起伏的際遇，有時我們的目標和夢想會顯得遙不可及，此時，也唯有恆心才能帶領我們克服困難，堅持下去。

學習便具有這樣的矛盾本質。這是本書的一個中心主題。必須專注才能解決問題——但專注可能妨礙了解決問題。毅力很重要——可是毅力用錯了地方反而會造成無謂的挫折。記憶背誦可以使你成為高手——但是也可能使你見樹而不見林。譬喻有助於理解新觀念——但也說不定譬喻會害我們緊抓住錯誤的認知不放。

該找朋友一起讀書或自己一個人讀書？先從困難的開始或是先做簡單的？用具體的方式好，或該用抽象方式？……說到底，如果能把關於學習的種種矛盾整合起來，我們所做的一切都會變得有價值。

世上最優秀的思想家都使用一種由來已久的神奇魔法：那就是簡化——使用小孩聽得懂的話來說明事理。這也正是理查．費曼的方法；他總會挑戰他身邊那些想法高深的理論派數學家，要求他們用簡單的語言說明錯綜複雜的理論。

那些數學家做到了。你也可以。而且，你也可以像費曼和桑迪亞哥·拉蒙·卡哈爾一樣，藉由學習的力量幫助你實現夢想。

＊＊＊＊＊

——費曼繼續鑽研開鎖技巧，跟專業鎖匠交上了朋友，一段時間後，費曼省了客套，越問越深。他想知道，在鎖匠的大師級技藝背後有什麼玄妙之處。

終於，一天深夜，那個珍貴而奧妙的知識，透露出來了。

鎖匠的祕密，在於他擁有內幕消息——他知道保險箱廠商的設定密碼。

由於掌握了原廠設定密碼，鎖匠可以悄悄打開自出廠以來從沒變更設定的保險箱。人人以為開鎖必須擁有什麼神奇魔法，原來只不過是他知道保險箱出廠時的設定罷了。

你也可以跟費曼一樣得到驚人發現，得知如何以更簡單、輕易而且造成較少挫折的方式學習。藉由理解大腦的內定設置——也就是大腦天生的學習方式與思考方式——並且加以善用，你也可以變成高手。

我在這本書一開頭時提到，有幾個簡單的訣竅可以讓數理變得清晰易懂；這些訣竅可以幫助數理很糟的人把數理學好，對於數理原本就很強的人也很有用。這些技巧，你都在閱讀這本書的過程中學到了。不過你也知道，最好的方法就是去掌握經過組塊並簡化的知識精髓。所以接下來我要把我的結語歸納成幾點，從本書的核心觀念，萃取出十項最好與最壞的讀書習慣。

天助自助者；對學習方法多一點認識，對你有益無害。

十種好的讀書方法

1. **回想學習內容**。讀完一頁以後，轉過頭不看書頁，回想這一頁的主旨。盡量不劃重點，而且絕不在你無法主動回想起來的內容下方劃線。去其他地點回想學習內容，例如上學途中，或者另一個房間。有能力回想，也就是有能力靠自己形成想法，才是好的學習。
2. **檢驗自己**。隨時隨地檢驗你所學的一切。學習卡是你的好搭檔。
3. **建立問題組塊**。透過理解與練習，將解題方法整合成一個組塊，讓你在必要時能立刻想起全部解題步驟。解完一道題以後，從頭開始想一遍，直到確定自己下次無預警遇到這道題目時知道如何解決——每一個步驟都了然於心。假裝它是一首歌，在你腦中一遍又一遍彈奏，把資訊整合成一個平順的組塊，讓你使用起來得心應手。
4. **間隔練習**。把學習分散開來，每天讀一點，就像運動員的訓練一樣。大腦跟肌肉一樣——

對於任何科目，大腦每天只能承受一定的訓練份量。

5. **交替練習不同的解題技巧**。不要長時間重複練習同一種解題技巧——長時間重複練習也只不過是在抄襲前一題的模式罷了。把不同型態的題目拿來交替著練習，可以讓你明白各種解題技巧該如何使用在適合的時機。（但書本通常不是這樣編排，所以你得自己想辦法交替練習。）每次做完功課或考完試，先查看你錯了哪些地方，確保你明白自己為什麼犯錯，然後更正你的答案。最有效的讀書方法，是把題目手寫（不要打字）到學習卡的一面，再把解答寫到另一面。（手寫比打字更能建立堅固的記憶神經結構。）如果你想要把學習卡上傳到智慧型手機的學習軟體，也可以將卡片拍照。經常拿不同的題型檢驗自己。另一種交替方法是翻開課本任一頁，隨便挑一題，看你能否在毫無準備的情況下解題。

6. **休息**。面對新的數理問題或觀念，一時弄不懂，這是很正常的。所以才要一天讀一點，而不要累積都不讀卻突然一口氣想要全部解決。做題目做得很氣餒時，先休息一會兒，這可以讓大腦的另一部位接手，繼續在腦海深處思索。

7. **運用說明式質問法（explanatory questioning）和簡單的類比**。某個觀念讓你陷入苦思，這時不妨反問自己：我要如何對十歲小孩解釋，讓他聽懂？類比是有效方法，例如把電流比喻成水流。不要只在腦子裡想，要大聲說出來或者寫下來。口說和書寫，可以幫助你將所學的事物進行更深刻編碼（也就是轉換成神經記憶結構）。

8. **專注**。關掉手機和電腦上一切會害你分心的嗶嗶聲和警鈴，然後計時二十五分鐘。在這二十五分鐘內凝神專注，全力衝刺。時間到了之後，給自己一點獎勵。一天做幾次，你的學習就能出現大幅進展。找個不受干擾——不偷看電腦和手機——的時間和地點讀書，並養成習慣。

9. **先吃掉青蛙**。每天一大早，趁著頭腦還很清醒，先解決掉最困難的工作。

10. **使用心理對比**。想想過去的日子，再對比將來讀書能帶領你實現的夢想。在書房貼幾張能讓你想起夢想的照片和標語，在覺得洩氣時看一看。你的努力能讓你自己和你所愛的人都得到幸福。

十種糟糕的讀書方法

以下這些方法能免則免——它們浪費時間，甚至還會使你欺騙自己，以為學到了東西！

1. **被動式反覆閱讀**——被動地坐著，眼睛來回瀏覽紙頁。除非你不看書本就能回想書中重點，證明內容已經進入你的腦子裡了，否則這種反覆閱讀只會浪費你時間。

2. **劃了滿篇重點**。在課本上劃線，會讓你誤以為那些字句也進入了腦中，然而那只是手部運動而已。劃線有時確實能幫助標出重點，但如果你把劃線當成記憶工具，請確保你在劃線的同時也真的記住了內容。

3. **只是看解答，以為自己懂了**。這是學生所犯的最嚴重錯誤之一。你應該要在不看答案的情況下也懂得解題的每一個步驟。

4. **最後一刻臨陣磨槍**。準備賽跑，你會等到最後一刻才臨時抱佛腳嗎？大腦有如肌肉——對於任何科目，大腦每天只能承受一定的訓練份量。

5. **重複練習你已經知道如何解答的題型**。光只是一再練習類似的題目，算不上準備考試——這好比面臨一場重大的籃球賽，你光只是練習運球。

6. **把讀書小組變成聊天大會**。跟朋友互相確認答案或互相測驗，可以讓學習變更有趣，並且找出你的邏輯漏洞。不過，若是還沒做完功課就玩了起來，你們就是在浪費時間。遇到這種情況，你得趕緊換一個讀書小組。

7. **做題目之前沒有讀課本**。還沒學會游泳你就會一頭跳進游泳池裡嗎？課本就是你的游泳教練，可以引導你找到答案。如果你懶得讀課本，便會找不到方向、浪費時間。請先快速瀏覽課本，一窺書中梗概。

8. **不找老師或同學討論你不明白的地方**。教授很習慣接受搞不懂狀況的學生前來討教——幫助你是我們的職責。我們擔心的是那些不懂得求助的學生；你別成為那種學生。

9. **不斷分心**，卻以為自己學得很深刻。每一次你由於即時訊息或聊天而分心，都損耗了大腦可以投入學習的力氣。注意力一旦受干擾，就表示記憶還來不及深植，就被連根拔起。

10. **睡眠不足**。大腦在你睡覺時拼湊出問題解答的全貌，並且反覆練習你在睡前學習的內容。長期疲勞會使得大腦累積毒素，干擾神經連結，導致你無法敏捷思考。如果考前沒有好好睡覺，那麼一切準備都是徒勞。

停下來回想

闔上書本，別過頭去。這一章的重點是什麼？你能運用心靈之眼，以符號表達出這些重點嗎？

後記

先把它學好，再看你是否還想放棄

國二的數理老師對我人生產生了深遠影響。他把我從教室後頭揪出來，激勵我追求卓越。我對他的報答竟然是高中的幾何學拿D——而且還兩次。我無法靠自己的力量學會幾何，而且我無緣遇到一位以我需要的方式督促我的好老師。上大學後，我總算弄懂幾何學了，但那是一趟充滿挫折的旅程，真希望當時拿到一本像這本的書。

回到十五年前，我女兒把數學作業變成大作家但丁（Dante）也羞於付諸筆墨的煉獄。她會三番兩次撞牆，直到哭完，她才兜個圈子，最後終於算出答案。我從來沒辦法要求她免去這種驚天動地的表現、放輕鬆做完算式重組。後來，我給她讀這本書，她說的第一句話是：「真希望我國中的時候有這本書。」

長久以來，科學家提出各種可能有效的學習建議。遺憾的是，他們很少把他們的建議「翻譯」成普通學生可以理解和運用的語言。不是每個科學家都有這種翻譯的本事，也不是每個作家都有深厚的科學素養。在這本書，芭芭拉．歐克莉把上述兩者結合得天衣無縫。書中的生動案例和學習策略的說明，在在顯示這些理論不僅有效，也非常可靠。我問女兒為什麼喜歡書中的建議，這些技巧我在她讀國中的時候都教過她了；她說：「她（歐克莉）告訴你技巧背後的原因，聽起來很有道理。」我的家長尊嚴再次受到踐踏！

如今你讀完這本書，接觸了幾個簡單而強大的策略——這些策略對你的好處不只限於學習數理而已；這些策略都是出於有關人類心智運作的科學證據。儘管很少論文探討情緒與認知的交互作用，但這種交互作用卻是攸關一切學習的關鍵要素。我女兒用她自己的方式指出來：想要學得好，你不只要運用策略，還得真心相信策略確實有效。書中這些說服力十足的真實事例，應該可以讓你有信心去親身嘗試，別因懷疑與抗拒而破壞了你的努力。當然，學習是個人的實證經驗。等到你身體力行這些策略之後，請評估你的表現和態度，你會得到最終的證據。

我現在是一名大學教授，輔導過成千名學生。許多學生之所以逃避數理，只是因為他們自認「沒有數理頭腦」或者「不喜歡數理」。我給這些學生的建議就和我給女兒的建議一樣：「先把它學好，再看你是否還想放棄。」說到底，教育的意義不就是關於如何把困難的事情學好？

你開車嗎？還記得剛學開車時是多困難嗎？如今開車幾乎成了本能，讓你擁有終身都會珍惜的獨立感。藉由保持開放的心靈，接受本書提供的這些新策略，學習者如今終於有機會克服焦慮與逃避，進而擁有優越的數理能力與信心。

一切操之在你。加油！

——大衛・丹尼爾（David Daniel）博士，詹姆斯麥迪遜大學心理系教授

edited by D Grouws. 334-370, New York: Macmillan, 1992.
Schutz, LE. "Broad-perspective perceptual disorder of the right hemisphere." Neuro-psychology Review 15, 1 (2005): 11-27.
Shannon, BJ, et al. "Premotor functional connectivity predicts impulsivity in juvenile offenders." Proceedings of the National Academy of Sciences 108, 27 (2011): 11241-11245.
Spear, LP. "Adolescent neurodevelopment." Journal of Adolescent Health 52, 2 (2013): S7-S13.
Steel, P. "The nature of procrastination: A meta-analytic and theoretical review of quintessential self-regulatory failure."Psychological Bulletin 133, 1 (2007): 65-94.
Takeuchi, H, et al. "Failing to deactivate: The association between brain activity during a working memory task and creativity." Neurolmage 55, 2 (2011): 681-687.
Thomas, C, and CI Baker. "Teaching an adult brain new tricks: A critical review of evidence for training-dependent structural plasticity in humans." NeuroImage 73 (2013): 225-236.
Thompson-Schill, SL, et al."Cognition without control: When a little frontal lobe goes a long way."Current Directions in Psychological Science 18, 5 (2009): 259-263.
Wilson, T. Redirect. New York: Little, Brown, 2011.

Kruger, J, and D Dunning. "Unskilled and unaware of it: How difficulties in one's own incompetence lead to inflated self-assessments." Journal of Personality and Social Psychology 77, 6 (1999): 1121-1134.

Lützen, J. Mechanistic Images in Geometric Form. New York: Oxford University Press 2005.

Maguire, EA, et al. "Routes to remembering: The brains behind superior memory." Nature Neuroscience 6, 1 (2003): 90-95.

Mangan, BB. "Taking phenomenology seriously: The 'fringe' and its implications for cognitive research."Consciousness and Cognition 2, 2 (1993): 89-108.

McGilchrist, I. The Master and His Emissary. New Haven, CT: Yale University Press, 2010.

Moussa, MN, et al. "Consistency of network modules in resting-state fMRI connectome data." PLOS ONE 7,8 (2012): e49428

Niebauer, CL, and K Garvey. "Gödel, Escher, and degree of handedness: Differences in interhemispheric interaction predict differences in understanding self-reference." Laterality: Asymmetries of Body, Brain and Cognition 9, 1 (2004): 19-34.

Nielsen, JA, et al. "An evaluation of the left-brain vs. right-brain hypothesis with resting state functional connectivity magnetic resonance imaging "PLOS ONE 8, 8 (2013).

Nyhus, E, and T Curran. "Functional role of gamma and theta oscillations in episodic memory." Neuroscience and Biobehavioral Reviews 34, 7 (2010): 1023-1035.

Partnoy, F. Wait. New York: Public Affairs, 2012.

Pesenti, M, et al. "Mental calculation in a prodigy is sustained by right prefrontal and medial temporal areas." Nature Neuroscience 4, 1 (2001): 103-108.

Pintrich, PR, et al. "Beyond cold conceptual change: The role of motivational beliefs and classroom contextual factors in the process of conceptual change." Review of Educational Research 63, 2 (1993): 167-199.

Raichle, ME, and AZ Snyder. "A default mode of brain function: A brief history of an evolving idea." Neurolmage 37, 4 (2007): 1083-1090.

Ramachandran, VS. Phantoms in the Brain. New York: Harper Perennial, 1999.

Rocke, AJ. Image and Reality. Chicago: University of Chicago Press, 2010.

Roediger, HL, and MA Pyc "Inexpensive techniques to improve education: Applying cognitive psychology to enhance educational practice." Journal of Applied Research in Memory and Cognition 1,4 (2012):242-248

Rohrer, D, and H Pashler. "Recent research on human learning challenges conventional instructional strategies." Educational Researcher 39, 5 (2010): 406-412.

Schoenfeld, AH,"Learning to think mathematically: Problem solving, metacognition, and sense-making in mathematics."In Handbook for Research on Mathematics Teaching and Learning,

November 4, 2011.
Duckworth, AL, and ME Seligman. “Self-discipline outdoes IQ in predicting academic performance of adolescents. ”Psychological Science 16, 12 (2005): 939-944.
Dudai, Y. “The neurobiology of consolidations, or, how stable is the engram? ”Annual Review of Psychology 55 (2004): 51-86.
Dweck, C. Mindset. New York: Random House, 2006.
Efron, R. The Decline and Fall of Hemispheric Specialization. Hillsdale, NJ: Erlbaum, 1990.
Ehrlinger, J, et al. “Why the unskilled are unaware: Further explorations of (absent) self-insight among the incompetent.” Organizational Behavior and Human Decision Processes 105, 1 (2008): 98-121.
Ellenbogen, JM, et al. “Human relational memory requires time and sleep.” PNAS 104, 18 (2007): 7723-7728.
Foer, J. Moonwalking with Einstein. New York: Penguin, 2011, (2006)
Geary, DC. The Origin of Mind. Washington, DC: American Psychological Association, 2005.
—“Primal brain in the modern classroom.” Scientific American Mind 22, 4 (2011): 44-49.
Gentner, D, and M Jeziorski. “The shift from metaphor to analogy in western science.” In Metaphor and Thought, edited by A Ortony. 447-480, Cambridge, UK: Cambridge University Press, 1993.
Gleick, J. Geniuss, New York: Pantheon Books, 1992.
Gobet, F. “Chunking models of expertise: Implications for education.” Applied Cognitive Psychology 19,2(2005):183-204.
Guida, A, et al. “How chunks, long-term working memory and templates offer a cognitive explanation for neuroimaging data on expertise acquisition: A two-stage framework.” Brain and Cognition 79, 3 (2012): 221-244.
Güntürkün, O. “Hemispheric asymmetry in the visual system of birds.” In The Asymmetrical Brain, edited by K Hugdahl and RJ Davidson, 3-36. Cambridge, MA: MIT Press, 2003.
Houdé, O. “Consciousness and unconsciousness of logical reasoning errors in the human brain.” Behavioral and Brain Sciences 25, 3 (2002): 341-341.
Houdé, O, and N Tzourio-Mazoyer. “Neural foundations of logical and mathematical cognition.” Nature Reviews Neuroscience 4, 6 (2003): 507-513.
Immordino-Yang, MH, et al. “Rest is not idleness: Implications of the brain’s default mode for human development and education. ”Perspectives on Psychological Science 7, 4 (2012): 352-364.
Kinsbourne, M, and M Hiscock. “Asymmetries of dual-task performance.” In Cerebral Hemisphere Asymmetry, edited by JB Hellige, 255-334. New York: Praeger, 1983.

參考文獻

Aaron, R, and RH Aaron. Improve Your Physics Grade. New York: Wiley,1984.

Andrews-Hanna, JR. “The brain’s default network and its adaptive role in internal mentation.” Neuroscientist 18,3 (2012): 251-270.

Baddeley, A, et al. Memory. New York: Psychology Press, 2009.

Bengtsson, SL, et al. “Extensive piano practicing has regionally specific effects on while matter development. ”Nature Neuroscience 8,9 (2005): 1148-1150.

Bilalic, M, et al. “Does chess need intelligence? A study with young chess players” Intelligence 35, 5 (2007): 457-470.

—”Why good thoughts block better ones: The mechanism of the pernicious Einstellung (set) effect." Cognition 108, 3 (2008): 652-661.

Bouma, A. Lateral Asymmetries and Hemispheric Specialealion. Rockland, MA: Swets 2 Zeitlinger, 1990.

Bransford, JD, et al. How People Learn. Washington, DC: National Academies Press,2000.

Cai, Q. et al. "Complementary hemispheric specialization for language production and visuospatial attention." PNAS 110, 4 (2013): E322-E330.

Carson, SH, et al. “Decreased latent inhibition is associated with increased creative achievement in high-functioning individuals.” Journal of Personality and Social Psychology 85, 3 (2003): 499-506.

Cat, J. “On understanding: Maxwell on the methods of illustration and scientific metaphor. ”Studies in History and Philosophy of Science Part B 32, 3 (2001): 395-441.

Cho, S, et al. “Hippocampal-prefrontal engagement and dynamic causal interactions in the maturation of children's fact retrieval.” Journal of Cognitive Neuro science 24, 9 (2012): 1849-1866.

Christman, SD, et al. “Mixed-handed persons are more easily persuaded and are more gullible: Interhemispheric interaction and belief updating.” Laterality 13,5 (2008): 403-126.

Cook, ND. Tone of Voice and Mind. Philadelphia: Benjamins, 2002.

—“Toward a central dogma for psychology.” New Ideas in Psychology 7, 1 (1989):1-18.

de Bono, E. Laleral Thinking New York: Harper Perennial, 1970.

DeFelipe, J. “Brain plasticity and mental processes: Cajal again. ”Nature Reviews Neuroscience 7, 10 (2006): 811-817.

Derman, E. Models, Behaving Badly. New York: Free Press, 2011.

Drew, C. “Why science majors change their minds (it's just so darn hard).”New York Times,

左邊，注意力則在右邊。但是人們的左、右兩邊大腦網路沒有哪一邊比較強大，而是視每一次的連結而定。」（猶他大學公共事務健保室，2013）

3. 在 Houdé 和 Tzourio-Mazoyer 的研究中指出：「我們的神經攝影結果顯示，在神經正常的受測對象中，腹內側額葉（ventromedial prefrontal area）直接參與邏輯意識的制定，也就是讓心智『合乎邏輯』、進行推理……因此，右邊的腹內側額葉也許是大腦糾正錯誤情緒的機制。更確切地說，這個區域也許相當於自我感覺機制，用於偵測可能導致邏輯錯誤的情況。」（Houdé, O, and N Tzourio-Mazoyer 2003; Houdé 2002, p.341）
4. 參見 Stephen Christman 及其同事的研究。文中指出，「左腦堅守原有信念，右腦則負責在適當時機評估並更正那些信念。因此，信念的評估不受兩半腦交互傳導的影響。」（Christman, SD, et al. 2008, p.403）
5. Alan Baddeley 等人指出：「當自尊受到挑戰，我們不乏防衛的方法。我們樂於接受讚美，卻對批評抱持懷疑，往往認為批評源自於評論者的偏見。我們樂於為勝利居功，卻拒絕為失敗負責。如果這套花招失敗，我們很善於選擇性地遺忘失敗，只記得成功與讚美。」（Baddeley, A, et al. 2009, p.148-149）

第十七章　應考策略

1. 請參考費爾德博士的網站，網址是 http://www4.ncsu.edu/unity/lockers/users/f/felder/public/。網站上針對 STEM 領域（科學、科技、工程、數學）的學習，提供了大量而豐富的有用資料。這封信箋，取得理查・費爾德博士及《*Chemical Engineering Education*》期刊授權使用。

明了不論任何測驗指出你的智商多少，你都能有傑出成就。費曼顯然有些小聰明，但他在叛逆的青春期也都執著練習，培養他的數學與物理知識和直覺。（Gleick 1992）

5. 請參考 Justin Kruger 與 David Dunning 的論述，文中指出「誤判自己能力不足，是對自我的認知錯誤；而誤判自己能力過人，則是對他人的認知錯誤。」（Kruger, J, and D Dunning 1999）

第十三章　大腦可以重新塑造

1. 卡哈爾顯然有良好的規劃能力——他會製造加農砲，這就是明證。但是他似乎無法看見行動和後果之間的連結。好比說，他採取行動去炸毀鄰居的閘門時，顯然沒料到後果不堪設想。Shannon 等人提出有趣的發現：問題青少年的背外側運動前皮層（dorsolateral premotor cortex）與預設模式網路有連結（參見 Shannon, BJ, et al. 2011,「跟自發式、無約束的自我指涉認知有關的腦部位」，p.11241）。當問題青少年逐漸成熟，行為出現改善，背外側運動前皮層似乎就開始跟注意力與控制網路連上線。
2. 詳參 Bengtsson et al. 2005; Spear 2013; Thomas and Baker 2013, p.226。正如 Cibu Thomas 等人的論述：「動物研究顯示，軸突與樹突的大規模結構非常穩定，成人大腦因經驗而產生的變化，通常是局部而短暫的。」換句話說，我們可以讓大腦產生一定的改變，但是無法徹底重塑。這些都是常識。卡哈爾本人的研究如今被視為我們對大腦可塑性的認識基礎。（DeFelipe 2006）

第十六章　避免過度自信

1. 「佛列德」是虛構人物，綜合了「右腦大方向知覺失調」的典型症狀。（Schutz 2005）
2. McGilchrist 提出完整的說法，支持左右半腦功能差異說；Efron 的研究年代雖然久遠，但是他指出了腦半球研究的漏洞（McGilchrist 2010; Efron 1990）。也請參考 Nielsen, JA, et al. 2013；參與這項研究的 Jeff Anderson, M.D., Ph.D. 指出，「特定半腦掌管大腦的某些功能，這絕對是事實。語言往往在的這個意見並非獨排眾議。物理學教授 Ronald Aaron 及其公子 Robin Aaron 在《*Improve Your Physics Grade*》一書中指出：「……一篇心理學論文提出 SQ3R 讀書法……以及 LISAN 筆記法……你是否相信這些方法對你有益？你是否相信聖誕老公公？是否相信復活節兔子？」

第十二章　欣賞自己的天分

1. Partnoy 指出：「有時候，精確理解我們的潛意識行為，可能會扼殺了與生俱來的自發性反應。過於自覺反而阻礙直覺；然而，要是我們毫無自覺，又永遠無法增進我們的直覺。在千鈞一髮之際，最困難的就是既要對影響決策的因素提高警覺……又不要過於警覺，以免決策變得呆板而無效率。」（Partnoy 2012, p.111）
2. 「我們證明高超的運算能力，不是外行人靠他們原有的老方法大量練習就可以得到的。相反的，運算時，專家與外行人運用了不同的腦部位。我們發現，專家可以切換於費力的短期儲存策略及高效率的情境式記憶編碼與提取之間，而這個過程有賴右半球的前額葉與顳葉。」（Pesenti et al. 2001, p.103）
3. Gobet 指出，一個領域的專業能力無法移轉到另一個領域。的確——如果你學會西班牙文，沒辦法幫助你去德國點酸菜吃。但是後設能力（metaskills）是很重要的。如果你學會了如何學習語言，你會更容易習得第二種語言。
   當然，這就是發展出西洋棋這類長才極具價值的原因——它幫助建立一組神經架構，而此架構跟學習數理所需的神經模式非常類似，即便這個神經架構是像「你需要將遊戲規則內化於心」這麼簡單的架構——那是非常珍貴的洞見。（Gobet 2005）
4. Merim Bilalic 等人指出，在頂尖的西洋棋棋手中，有些選手的智商落在 108 到 116 的範圍；他們透過比別人更勤奮的練習，躋身西洋棋大師之列（Bilalic, M, et al. 2007）。頂尖棋手的平均智商是 130。也請參考 Duckworth, AL, and ME Seligman 2005。
   諾貝爾獎得主理查·費曼老愛誇口他的智商相對較低，只有 125，而這正證

記憶）息息相關的大腦部位，例如海馬迴。」（Maguire, EA, et al. 2003）

Tony Buzan 大力宣導記憶訣竅的重要性，他的著作《運用完美記憶》（*Use your Perfect Memory*；1991 年出版）針對幾項受歡迎的技巧，提供了更深入的資訊。

Eleanor Maguire 等人在上述研究也指出，人們經常認定記憶訣竅太難使用，但是有些技巧——例如記憶宮殿——其實是很自然也很好用的，能夠幫助我們記住重要資訊。

2. Denise Cai 等人的研究指出，當語言的學習側重於一個腦半球（通常是左腦），視覺空間能力就側重於另一個腦半球。換句話說，一個腦半球側重發展某一種功能，似乎會導致另一個腦半球側重發展另一種功能。（Cai et al. 2013; Foer 2011）

第十一章　更多幫助記憶的祕訣

1. 有關十九世紀晚期物理界運用隱喻的狀況，詳參 Cat 2001; Lützen 2005。至於化學界及科學界整體使用隱喻的狀況，請參考 Rocke, AJ. 2010，特別是第十一章。也請參考 Gentner, D, and M Jeziorski 1993。意象化與視覺化等議題，超越了任何一本書所能涵蓋的範圍——請參考《*Journal of Mental Imagery*》等書籍。
2. 正如數學模型大師 Emanuel Derman 所說：「理論是以自己的詮釋來形容、面對這個世界，因此必須靠自己的力量而成立。模型則建立在別人的基礎上；模型是隱喻，用以將意指的對象與其他雷同的事物進行比較。雷同必然是片面的，因此模型必須把事情簡化、減少世界的維度……簡而言之，理論告訴你什麼是什麼；模型只能告訴你什麼像什麼。」（Derman 2011, p.6）
3. 你也許認為我這本書涵蓋了 SQ3R 讀書法（有時候是 SQ4R：概覽〔Survey〕、提問〔Question〕、精讀〔Read〕、背誦〔Recite〕、複習〔Review〕、書寫〔wRite〕）的全部元素。所以你或許會問，我為什麼沒在文中深入探索這套方法。SQ3R 是由心理學家 Francis Pleasant Robinson 提出的一套讀書法。然而，學習數理最重要的是解答問題——對此 SQ3R 讀書法並不適用。我從新手變成大師那樣戲劇性的神經變化。不過，大腦處理材料的過程，確實出現神經變化的跡象，即便只是短短幾星期的學習（Guida et al. 2012）。更確切地說，專家特別會運用與長期記憶息息相關的顳葉區。換句話說，如果我們引導學生使用其他部位，而不是在長期記憶中建立架構，便會增加他們取得專門知識的困難度。

當然，死記硬背這種方法也有問題。不過話說回來，任何教學方法都可能被誤用；變化（還有能力）是生活的調味劑！

2. 前面談過在學習某一個主題時如何交錯練習不同的解題技巧。那麼，如果交錯研讀幾種截然不同的科目，效果如何呢？很遺憾，目前還沒有相關的研究文獻。所以我提出的關於交錯研讀的建議，純粹是基於常理和一般做法。這將是未來值得關注的研究領域。

3. Guida 及同事指出，存在於工作記憶並且隨後進入長期記憶的組塊，「會隨著練習與能力的提升而變大……組塊也會日益豐富，因為每一個組塊都會與更多長期記憶知識產生關聯、進行連結。等到最後成了專家，眾多組塊之間的連結會形成高階的組塊層……好比說，在西洋棋領域中，棋譜可以跟『……計畫、走法、策略與戰略觀，以及其他棋譜』連結……我們認為，在取得專業技能的過程中，當長期記憶組塊跟知識架構存在於腦中，並且在專業領域發揮效用時，可以偵測到腦中的功能重組。」（Guida et al. 2012, pp.236-237）

第八章　工具、祕訣和小竅門

1. 有興趣的讀者，請參考高等教育心靈關照協會（Association for Contemplative Mind in Higher Education）網站上詳列的資源：http://www.acmhe.org/

第十章　增強記憶力

1. Eleanor Maguire 和同事研究了以記性超強著稱、在全美記憶大賽這類盛會中稱霸的人士。「透過神經心理衡量方法，以及結構性與功能性大腦攝影，」他們發現，「超強的記性並非基於不尋常的智力，或者大腦的先天異常。相反的，記憶力超強的人，使用空間學習策略，運用與記憶（特別是空間

9.「大量練習」（mass practice）教學法，很可能造成了教學上的能力錯覺。學生似乎學得很快，但是研究顯示，他們也忘得很快。Herry Roediger 和 Mary Pyc 指出：「這些結果，說明老師和學生為什麼掉入陷阱，採用沒有長期效果的策略。學習時，人們非常注意自己的學習方法，總喜歡選擇輕鬆、快速的學習策略。集中的大量練習正可以達成這種效果。然而，若想記得牢，我們需要間隔、交錯的練習，只可惜這種方法讓學習過程變得比較吃力。交錯練習讓最初的學習變得困難，但是這種方法比較可取，因為它能幫助鞏固長期記憶。」（Roediger, HL, and MA Pyc 2012, p.244）

10. 請參考 http://usefulshortcuts.com/alt-codes。

第五章　習慣的毒性與助力

1. Steel 指出：「根據估計，百分之八十到九十五的大學生有拖延的問題……大約百分之七十五認為自己拖延成性……而大約百分之五十的人因為嚴重拖延而產生困擾。拖延下來的時間是非常可觀的，學生指出一天當中，他們通常有三分之一以上時間花在睡覺、玩，或者看電視……而且，比例似乎有上升之勢……拖延症似乎也感染了一般大眾，百分之十五到二十成人有嚴重拖延的毛病。」（Steel 2007, p.65）

第七章　建立有用的記憶組塊

1. 很重要的一點是，關於「專家」的文章，談的都是歷經多年訓練取得專業技能的人物。但是，「專家」（experts）和「專業能力」（expertise）皆分有不同等級。

   好比說，如果你知道 FBI 跟 IBM 這兩個縮寫的意思，就可以用兩個組塊記住字母順序，而不是當成六個分開的字母。但這個簡單的組塊過程，前提是你原本就是個專家，不只知道 FBI 跟 IBM 的意義，也懂得羅馬字母系統。試想，若要記得以下幾個藏文的順序，該有多麼困難：བོད་སྐད།.

   我們在課堂上學習數學與自然科學的時候，都先具備了某種程度的專業能力，沒有人期望我們在一學期的學習之後就突飛猛進，像是從西洋棋新手一下子躍升為西洋棋大師。不論你學什麼課，都不可能在一學期內出現像

有觀念牴觸的資訊。」（Pintrich, PR, et al. 1993, p.170）

4. 這道重組字謎的解答是「居禮夫人」（Madame Curie）。題目的作者為 Meyran Kraus，參見網頁 http://www.fun-with-words.com/anag_names.html
5. Henry Roediger 與 Mary Pyc 指出：「老師和教育學院的教授經常擔心學生的創造力不足；其教學目標值得讚揚。證據顯示，我們提倡的方法提升了學生對觀念及資料的學習與記憶。有些人批評這套方法過分偏重『機械式學習』或『死記硬背』，而不是創意推理。教育的宗旨難道不是培養孩子的好奇、探索和創造力嗎？當然，答案是肯定的，但是我們認為不論任何領域，扎實的知識基礎是孩子發揮創意的先決條件。如果沒有透徹掌握某些觀念或資料，學生絕無可能提出富有創意的見解。概念與資料的學習與創意思考不必然相互牴觸；兩者有相輔相成之效。」（Roediger, HL, and MA Pyc 2012, p.243）
6. 這是我對科學界這個共通觀點的個人詮釋。卡哈爾（Santiago Ramón y Cajal）曾引述杜克洛（Duclaux）的話：「機會不會眷顧渴望機會的人，而是降臨在值得擁有機會的人身上。」還說：「科學界猶如樂透彩，運氣特別垂青賭注下得最高的人——或者換一種比喻，不斷辛苦播種的人。」巴斯德（Louis Pasteur）說過：「在觀察的領域中，運氣只眷顧準備好的人。」類似的說法還包括拉丁諺語：「運氣歸於勇者。」英國特種空勤隊的格言：「敢於冒險犯難的，就是贏家。」
7. 這裡有幾條但書。如果學生被要求用回想內容的方式畫出概念圖，那就另當別論。另外，不同的科目之間也有差別。有些領域——例如研究生物細胞間通訊過程的學科——在本質上就比較適合運用「概念圖」來理解主要觀念。
8. 任教於卡內基美隆大學的 Ken Koedinger（人機互動與心理學教授）指出：「要讓學生把課程內容記得最久，一開始最好讓他們短暫地接觸內容，然後逐步延長接觸時間。不同類型的資訊——好比說抽象概念相對於具體資料——需要不同的接觸時程。」

記憶——工作記憶不使用這個區域。（Guida et al. 2012, pp.225-226; Dudai 2004）

8. （Ellenbogen et al. 2007）發散模式可能跟潛在性抑制症（low latent inhibition）——也就是常常心不在焉、很容易分心（Carson et al. 2003）——也有關聯。我們這些常常話說到一半就分心的人有救了！

第四章 記憶組塊與能力的錯覺

1. 兒童透過專注模式學習，不過他們也在不經意間使用了發散模式，甚至在沒有刻意學習的情況下進行學習（Thompson-Schil et al. 2009）。換句話說，兒童學習新語言的時候，不需要像大人那樣頻繁地使用專注模式；這或許可說明為什麼小孩子學語言比較容易。不過，過了幼童期以後，就有必要運用某種程度的專注模式來習得新的語言。
2. 在 Guida 及其同仁的研究指出，記憶組塊的形成過程，一開始顯然得仰賴前額葉附近的工作記憶，而專注力則有助於鞏固組塊（Guida, A, et al. 2012, p.235）。接著，隨著學習越來越純熟，組塊開始存入頂葉附近的長期記憶。記憶有一個非常不同的層面，涉及了神經的震盪節奏，幫忙將大腦不同部位的知覺與脈絡資訊串聯起來（Nyhus, E, and T Curran 2010）。有關兒童進行算術練習時提取記憶的流暢性的大腦影像研究，詳見 Cho, S, et al. 2012。
3. 我所說的「全局」（big picture），可以被視為認知範本。研讀數理所得到的範本往往比較模糊，不像西洋棋原則那樣簡單扼要。Guida 指出，大腦可以快速形成組塊，但是涉及功能重整的範本，就需要花一點時間——至少五個星期以上。（詳見 Guida et al. 2012，尤其是第 3.1 節。）

   Bransford 等人對於「先備知識」（prior knowledge）的討論，也有助於我們理解這些概念。學習有關的新知識時，先備知識有所幫助，但它也可能造成障礙，致使人們難以改變心裡的基模。一個明顯的例子是，學生腦子裡錯誤的物理概念特別難以修正。（Bransford, JD, et al 2000, chap.2）

   Paul Pintrich 等人指出：「學習者存在著矛盾；另一方面，既有觀念可能阻礙觀念上的改變，但也提供架構，幫助學習者詮釋並理解新的、可能與既

第三章　學習是一種創造

1. Marcel Kinsbourne 和 Merrill Hiscock 提出的「腦部距離模式」的假說，推測在同時進行多項任務時、若某兩件任務運用的腦部位越是相近，則這兩任務之間彼此干擾的程度就越高。（Kinsbourne, M, and M Hiscock. 1983）

   要是同時進行的任務運用同一個腦半球，甚至同一個腦部部位，那麼事情很可能搞得一團糟（Bouma 1990, p.122）。說不定發散模式正是基於不專注的本質，才有辦法同時處理多項任務。

2. 為了追蹤這則傳說的起源，我寫信向 Leonard DeGraaf 求證；他是美國愛迪生國家紀念公園的文獻研究員。他表示：「我聽過這則有關愛迪生與滾珠的故事，但是沒見到任何文獻記載此事。我不知道故事從何而來。這也許又是一則有局部事實的傳聞，最後化為愛迪生傳奇的一部分了。」

3. 詳參 Niebauer, CL, and K Garvey 2004。Niebauer 要指出的是個別（object）與整體思維（meta-level thinking）之間的區別。順帶一提，句中的第三個矛盾，就在於沒有第三個錯誤。（譯註：書中的原句為“Thiss sentence contains threee errors.”）

4. 以下這個網站針對愛迪生語錄與文字的各種版本，進行了詳細的討論：http://quoteinvestigator.com/2012/07/31/Edison-lot-results/

5. 詳參 Rohrer, D, and H Pashler 2010, p.406。該論文中指出：「……針對學習時腦顳葉動態變化的最新研究顯示，分散於長時間的學習，記憶較能持久，勝過教育界慣用的教學方式。」這項發現跟專注及休息狀態網路切換之間的關聯，是未來的重要研究主題。亦請參見 Immordino-Yang, MH, et al. 2012。換句話說，我在這本書裡描述的是有關於學習的合理推測，但仍有賴進一步研究證實。

6. 短期記憶（short-term memory）是指在沒有積極複誦的情況下能維持的記憶；工作記憶則是短期記憶當中，受到大腦特別專注處理的部分訊息。

7. 如果你有興趣學習這些理論背後的神經位置，在此補充一點：長期記憶和工作記憶似乎是同樣使用了額葉和頂葉；但是使用顳葉內側的只有長期人們搬出左右腦差異，一舉說明了人類心理學的種種謎團，包括潛意識、創造力和心靈現象——不過話說回來，這些論述無可避免的反彈聲浪，也未免失之誇大。」（Cook 2002, p.9）

11. 雖然我談的是在專注和發散模式之間切換，但是顯然還有另一個類似的切換過程，也就是左右半腦之間的資訊交流。我們藉由研究雞隻的動作約略得知人類如何在左右半腦之間交換資訊。小雞歷經好幾個小時，在左右半腦之間來回處理記憶痕跡，才學會不去啄帶有苦味的珠子。（Güntürkün 2003）

    Anke Bouma 觀察到：「若經過觀察，發現有側重半邊大腦的模式，並不代表在某個特定任務的所有處理階段中，這半邊大腦都優於另一邊的大腦。資料顯示，『右半腦』也許主宰某一個處理階段，而『左半腦』也許主宰另一個處理階段。各個處理階段的相對困難度，似乎決定了哪個半腦較適合這項工作。」（Bouma 1990, p.86）

12. De Bono 的著作提供了這個問題的另一種版本，那也正是這個問題的靈感來源。De Bono 這本 1970 年出版的經典著作內容豐富，包含許多諸如此類發人深省的問題，非常值得一讀。

13. 照下面方法移動銅板——你看見新的倒三角形了嗎？

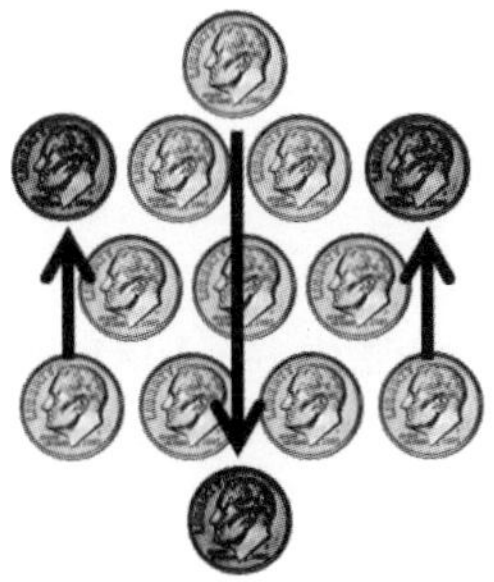

其中要經過相同的轉化，但是抽象性更高。微分基本上就是重複性的除法，而積分就是重複性的乘法，各自進行無數次，也就是說，達到極微小的數值（這是可能的，因為靠的是收斂級數，而收斂級數本身只能由推論得知，無法直接檢定。）進行無窮次運算的計算能力，可以解決光從文字敘述看似無法解決的季諾悖論（Zeno's paradox）。但是在如此的困難度之外，我們現在使用萊布尼茲公式，將無數次的反覆運算濃縮成單一符號，也就是積分符號；因為你無法真的寫下無窮盡的運算式子。這讓微積分的運算更脫離它象徵的實質意義。

「也就是說，以微積分式子所表達的運算，受到雙重加密。是的，我們歷經演化而來的心智能力，特別適合操作實質的運算，所以微積分當然很困難。但數學是一種『加密』的形式，不只是『再現』而已。而由於解密是多重的挑戰，因而解密在本質上就是困難的。這正是為什麼加密會使得溝通內容很難被破解。我的重點是，不論我們的能力再怎麼如何演化，加密就是數學的天性。數學之所以困難，正如密碼難以破解。

「我感到驚訝的是，我們明明都知道數學公式是加密過的訊息，如果你想破解密碼、得知其中含意，你必須先知道如何解碼，但我們卻還不懂為什麼高等數學很難教，卻還要怪罪於教育系統或老師。我想，這就有一點錯怪了演化。」（取自他與作者的個人信函，2013 年 7 月 11 日。）

8. 參見 Geary 2011。也請參考影響深遠的紀錄片《A Private Universe》，網址是 https://www.learner.org/series/a-private-universe/1-a-private-universe，該影片中探討了諸多關於理解科學的錯誤觀念。

9. Allan Schoenfeld 指出，在他拍攝的一百多卷錄影帶中，「大學和高中學生面對不熟悉的題型時，大約六成學生說他們靠『閱讀題目、快速決定方向，然後拚死朝那個方向前進』得到答案。」這可以說是專注思維最糟糕的運用。（Schoenfeld, AH, 1992）

10. 左右腦的差異有時也許很重要，但是你在聽到這方面的說詞時應該要審慎判斷。Norman Cook 說得好：「1970 年代的許多論述都超出事實——例如

5. 心理學家 Norman Cook 曾說：「人類心理學的中心命題有幾個首要元素：(1) 右半腦與左半腦之間的資訊交流；(2)『優勢半腦』（即左半腦）和進行口語表達時的周邊反應機制之間的交流。」（Cook 1989, p.15）

不過，讀者也應當知道，有關左右側大腦的差異，多年來已被引申出為數多到數不清的謬誤推斷和愚蠢定論。（Efron 1990）

6. 根據 2012 年一項「學生學習投入全美普查」指出，在大四學生當中，工科學生每星期平均花十八小時讀書，教育科系學生花十五小時，理科及商科學生大約花十四小時。《紐約時報》一篇名為〈理科學生為什麼改變心意（實在太難了）〉的文章提到，工學院榮譽教授 David E. Goldberg 指出，微積分、物理、化學等繁重的課業，引發了一場「數理死亡行軍」，學生紛紛遭到淘汰。（Drew 2011）

7. 有關數學思維的演化，詳參 Gear 2005, chap. 6。

沒錯，許多抽象語彙跟數學無關；相反的，與情緒相關的抽象概念多得驚人。我們也許看不見這些語彙，但是能夠感覺到——至少能感覺到這些語彙的重要層面。

著有《象徵物種》（*The Symbolic Species*，暫譯）的 Terrence Deacon 曾指出，數學的加密／解密，具有內在的複雜性：「回想你初次接觸一種全新的數學概念，例如重複性減法（也就是除法）時的情形。一般而言，老師教學生這種抽象觀念所使用的方法，就是讓孩童學會一套有關數字和運算符號的操作法則，然後放進各種不同數字，讓孩童反覆操練這套法則，期望藉此幫助他們『看見』法則背後的實質關係。我們通常用『機械式操練』來形容這種學習方法（我稱作『索引式學習』）。然後當孩子差不多可以不加思考便進行這類運算了，我們又期望他們看見運算和真實世界之間的關聯。如果一切順利，孩童會在某個時間點『領悟』這眾多符號和公式『背後』的共通抽象性。他們建立了一個有關種種可能性組合和背後抽象意義的高階記憶，並且從中認出他們藉由反覆操練所習得的運算法則。這個抽象步驟對許多孩童而言非常困難。那麼現在，想像一下理解微積分的過程；

註釋

第一章 26 歲開始重新學數學

1. 在此要對教育界人士推薦心理學教授 Timothy Wilson 所著的《轉向》（*Redirect*，暫譯），這本書描述了「從失敗到成功」等案例的重大意義。幫助學生改變心中的預設立場，是本書的重要目標之一。另一位業界先驅 Carol Dweck 也描述了心態改變與成長的重要性。（Wilson 2011; Dweck 2006）

第二章 大腦的兩種學習模式

1. 有關「預設模式網路」（Default-mode network）的討論，參見 Andrews-Hanna, 2012; Raichle, ME, and AZ Snyder, 2007; Takeuchi, H, et al., 2011。關於休息狀態的一般性探討，詳見 Moussa, MN, et al., 2012。

   但 Bruce Mangan 在截然不同的調查主題中指出，威廉．詹姆士（William James）曾如此描述「意識邊緣」：「意識會出現『轉換』，使得意識邊緣短暫卻頻繁地進入前緣，接掌意識的核心。」（Cook 2002, p.237; Mangan 1993）
2. 我的「專注」與「發散」模式，大致與創意大師愛德華．德．波諾（Edward de Bono）所說的「垂直思考」與「水平思考」說符合。（de Bono 1970）
3. 眼尖的讀者會發現，我說過當專注模式活躍進行時，發散模式偶爾會在背後默默運作著。然而研究發現，預設模式網路（這只是眾多休息狀態的神經網路之一）似乎會在專注模式進行時安靜下來。那麼情況究竟為何？身為教育者與學習者，我覺得專注工作時，只要注意力稍微鬆散，某些非專注的活動可以在背後持續進行。就此而言，我所說的「發散模式」，也許可以想像成「學習導向的非專注模式活動」，而不是單純的「預設模式網路」。
4. 發散模式或許也會用到前額葉，不過它涉及的多半是大範圍的連結，而且比較少篩掉看起來無關的連結。

國家圖書館出版品預行編目(CIP)資料

大腦喜歡這樣學 / 芭芭拉．歐克莉(Barbara Oakley)著；黃佳瑜譯．--

初版．-- 新北市：木馬文化出版：遠足文化發行，2017.10

面； 公分

譯自：A mind for numbers

ISBN 978-986-359-447-5(平裝)

1. 數學教育 2. 教育心理學

310.3

大腦喜歡這樣學

（本書曾以《用對腦，從此不再怕數學》書名出版）

作　　者　芭芭拉・歐克莉（Barbara Oakley, Ph.D.）
翻　　譯　黃佳瑜
副 社 長　陳瀅如
責任編輯　陳郁馨（初版）、翁淑靜（二版）
封面設計　Atelier Design Ours
內頁排版　Juppet
校　　對　魏秋綢

出　　版　木馬文化事業股份有限公司
發　　行　遠足文化事業股份有限公司（讀書共和國出版集團）
地　　址　23141 新北市新店區民權路 108-4 號 8 樓
電　　話　02-22181417
傳　　真　02-22180727
電子郵件　service@bookrep.com.tw
郵撥帳號　19588272 木馬文化事業股份有限公司
客服專線　0800221029
法律顧問　華洋法律事務所　蘇文生律師
印　　刷　呈靖彩藝有限公司
二　　版　2017 年 10 月
二版50刷　2024 年 5 月
定　　價　330 元
I S B N　978-986-359-447-5

木馬臉書粉絲團：http://www.facebook.com/ecusbook